U0673343

重大灾害事故
应急决策模型构建及应用

夏登友　等 编著

化学工业出版社

·北京·

内 容 简 介

《重大灾害事故应急决策模型构建及应用》聚焦于应急管理领域的核心问题，即如何在火灾、爆炸等重大灾害事故中作出高效应急决策。重大灾害事故具有不确定性、复杂性和快速性，应急决策面临信息滞后、程序非常规及处置阶段性等挑战，需要特殊理论和方法。随着大数据时代的到来，应急决策须基于实时数据而非历史数据和专家经验。本书围绕大数据时代重大灾害事故应急决策需求，深入探讨了事故演化机理、多源信息采集与融合、动态情景构建与推演、应急任务分解与资源配置等内容。

本书可作为普通高等学校应急救援等专业的辅助教材，政府和企业应急救援队伍的培训教材，也可供从事应急救援的专业人员借鉴和参考。

图书在版编目（CIP）数据

重大灾害事故应急决策模型构建及应用／夏登友等编著. -- 北京：化学工业出版社，2025.6. -- ISBN 978-7-122-48020-0

I. X4

中国国家版本馆 CIP 数据核字第 2025WQ3892 号

责任编辑：王海燕 　　　　　　　　文字编辑：徐　秀　师明远
责任校对：李雨晴 　　　　　　　　装帧设计：关　飞

出版发行：化学工业出版社（北京市东城区青年湖南街 13 号　邮政编码 100011）
印　　装：大厂回族自治县聚鑫印刷有限责任公司
710mm×1000mm　1/16　印张 12¾　字数 211 千字　2025 年 8 月北京第 1 版第 1 次印刷

购书咨询：010-64518888　　　　　　售后服务：010-64518899
网　　址：http://www.cip.com.cn
凡购买本书，如有缺损质量问题，本社销售中心负责调换。

定　　价：59.00 元

前言

重大灾害事故具有突发性、罕见性与强破坏性特征，对人民生命财产安全与社会稳定构成严峻挑战。如何在火灾、爆炸等重大灾害事件中实现高效应急决策，始终是国家相关部门与学术界亟待解决的核心问题。传统应急决策模式主要依赖历史经验与专家主观判断，在应对灾害演化过程中的不确定性、复杂性与信息滞后性上存在显著局限。

随着大数据时代的到来，多源信息采集技术、通信技术及智能分析技术的快速发展与广泛应用，为灾害应急管理提供了新的技术支撑。如何从海量异构信息中快速构建灾害关键情景、精准推演灾害发展趋势并形成科学决策，已成为当前灾害应急管理领域亟需突破的核心命题。

本书紧密围绕大数据时代重大灾害事故应急决策的需求与特征，系统开展了重大灾害演化机理、多源信息采集与融合、动态情景构建与推演、应急决策任务分解与分配、应急资源优化配置等关键方向的研究，构建了适应新时代需求的重大灾害事故应急决策理论与方法体系。

首先，本书聚焦灾害情景的基础理论，明确了重大灾害情景的要素构成、识别方法及内在关联机制，深入剖析了致灾因子与承灾体之间的转化规律、承灾体间的关联路径及其演化模式。上述研究为后续灾害情景的科学构建、动态推演及应急决策制定奠定了坚实的理论基础。

其次，针对灾害现场多源异构信息体量大、时效性强等挑战，本书提出了多层级应急决策信息优化方法：基于扎根理论分析与解释结构模型，实现了态势信息的客观筛选与优先级排序；引入边缘计算技术，显著提升了实时态势信息的处理效率，有效解决了传统模式下信息传输延迟与终端存储能力不足的瓶颈问题；进一步运用本体理论构建灾害现场决策信息模型，通过信息与数据的标准化互联，结合边缘终端信息的精准标注，实现了碎片化信息的系统整理与标签化管理，全面保障了情景推演过程的实时性与可靠性。

在理论构建层面，本书基于"情景元"概念，实现了多源异构信息的规范化融合与情景的标准化表示；结合情景元的动态演化规律与复杂演化路径，构建了动态情景演化链路图，从定性角度精准分析关键情景决策变化对灾害状态演化的具体影响；通过融合随机 Petri 网与马尔可夫链理论，建立了"定性分析—定量分析"衔接的重大应急决策模型，提升了模型的科学性与可解释性；基于情景推演结果与 RHI（Risk-Hazard-Impact，风险-危害-影响）分析方法，进一步构建了多目标应急决策模型，兼顾灾害处置的效率、安全与资源约束等多维度目标。

在实践应用层面，本书通过任务分解法厘清了应急子任务间的关联机制与路径依赖，借助应急任务网络模型识别关键任务节点与共享资源，实现了有限应急资源的动态优化配置，确保核心应急任务的高效执行。

为验证理论与方法的可行性与有效性，本书选取了三个典型重大灾害事故案例开展实证研究：

• 2016 年江苏省靖江市"4·22"物流仓储爆炸事故：综合运用灾害救援信息筛选方法，示范了边缘终端信息处理模型的实际应用效果，重点验证了灾害事故现场情景演化的可视化呈现能力；

• 2010 年辽宁省大连市"7·16"输油管道爆炸事故：从承灾体视角深入分析了事故区域的灾害链演化机理与过程，基于情景元理论与随机 Petri 网构建了事故情景模型，并利用马尔可夫链理论对关键情景的应急处置决策进行了动态优化分析；

• 2021 年江苏省响水县"3·21"特别重大爆炸事故：将"情景→任务→资源"的应急决策方案生成方法应用于实践，通过识别关键情景与核心任务明确应急目标，依托任务分解与分配机制协调应急资源调配。

实证结果表明，本书提出的重大灾害事故应急决策模型兼具科学性与实用性，不仅为灾害现场应急决策提供了理论支撑与技术指导，更为应急救援部门高效应对突发事件提供了可复制的实践参考。

参加本书编写的人员和具体编写分工如下：夏登友（第一章）、朱毅（第二章）、陈昶霖（第三章第五节、第四章第五节）、佟润泽（第三章第一～

四节）、陶钇希（第四章第一～四节）、葛杰（第五章第一～三节）、张明辉
（第五章第四节、第六章）。

本书的编撰得到国家自然科学基金项目（52174224）的资助以及众多业务部门的悉心指导，中国人民警察大学救援指挥学院、涉外安保学院、研究生院，以及天津市消防救援总队、重庆市消防救援总队、江苏省无锡市消防救援支队、黑龙江省鸡西市消防救援支队的相关领导与专家给予了大力支持，在此谨向所有提供帮助的领导、专家及同行致以诚挚谢意。

由于水平有限，书中不足之处在所难免，敬请广大读者批评指正，以臻完善。

作者

2025 年 5 月

目录

第一章
绪　论

第一节
研究背景及意义

重大灾害事故应急决策理论研究是应急管理领域关键研究内容之一，如何在火灾、爆炸等重大灾害事故发生时进行有效的应急决策，一直是国家相关部门和学术界迫切需要解决的重大问题。由于重大灾害事故演化具有不确定性、复杂性和快速性等特点，此类灾害事故的应急决策与常规应急决策相比存在很大的不同，需要特殊的决策理论。在大数据时代，随着多源信息采集技术、通信技术和信息智能分析技术的快速发展及应用，重大灾害事故应急决策将日益基于实时海量数据和对相关数据的深入挖掘，而非传统地基于以往历史数据和专家的经验。当前，随着我国智慧城市建设速度的加快，大数据分析技术在城市公共安全管理和重大灾害事故应急决策领域正得到越来越广泛的应用。

一、研究背景

近年来，人类不断增长的经济活动、持续恶化的生态环境和飞速发展的社会经济使得重特大灾害事故频发。2012~2022年，我国国内生产总值（GDP）由54.75万亿元增至123.4万亿元。日益频繁的经济活动、高度集聚的生产要素、急剧增长的人口密度，导致各类致灾因素交织叠加、承灾载体脆弱敏感、孕灾环境复杂多变，致使灾害事故的突发性、衍生性、复杂性不断增强，造成大量人员伤亡和经济财产损失，如图1.1所示。

从2013年四川雅安地震、2015年天津瑞海公司危险化学品仓库爆炸事故、2018年山东寿光洪涝灾害、2021年江苏响水化工企业爆炸事故等重大灾害事故的应急救援中发现：此类事故发生的前兆不充分、预测难度大、演化机理复杂、灾情信息收集滞后等问题，导致各层级指挥员对灾情的研判不准确，应急决策指挥具有高度的复杂性和不确定性，常规的"经验-应对""预案-应对"等应急决策模式，不能很好地适应灾害现场应急决策指挥需求。

重大灾害事故一旦发生，往往很难提前预测和预警，导致应急决策主体的反应时间有限。同时，由于受灾环境复杂、各种工艺设施布局繁杂、被困人员

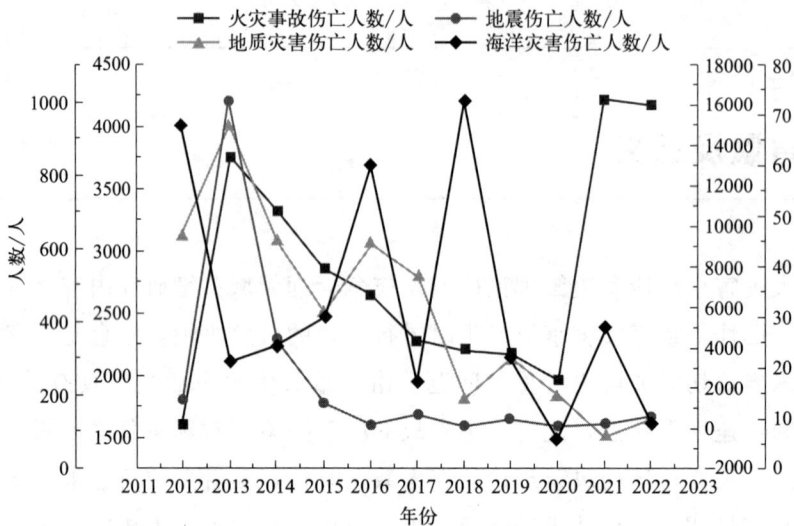

（a）人员伤亡统计图

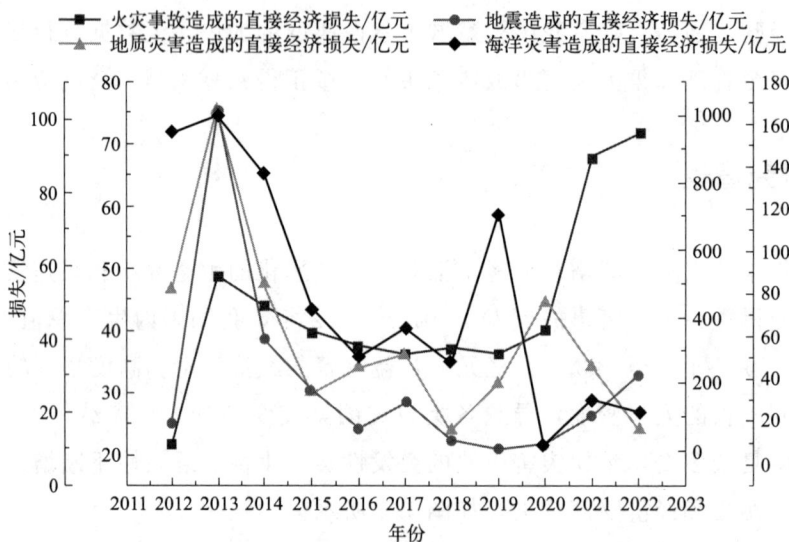

（b）直接经济损失统计图

图 1.1　2012～2022 年我国重大事故造成人员伤亡及直接经济损失

数量多等因素相互影响，导致事故演化难以准确研判。重大灾害事故救援初期需要收集的信息众多，例如灾情发展的信息、被困人员信息、道路交通信息、气象信息、应急救援资源信息、救援力量分布信息等，但救援环境的复杂使得现场灾情信息的收集变得极为困难，参与救灾的部门较多，各部门与指挥部之间往往通信不畅、信息报送不及时，导致无法对复杂救援现场的力量进行高效部署，整个救援协同行动难成章法、各自为战，效率低下。

当前，随着无人机、卫星遥感、红外监测、移动终端等各种信息技术在突发灾害事故现场的普及和应用，数据的采集也越来越庞大和多元化，事故救援对数据采集和处理的速度要求也越来越高，传统的应急决策系统架构已经不能满足日益增长的大数据管理和应急决策需求。大数据背景下，重大灾害事故应急决策尚缺乏有效的基于实时数据和深入数据挖掘技术的突发灾害事故情景构建和推演模型，以及情景动态变化下不同阶段应急决策方法和决策实现途径。在大数据背景下，针对复杂情况下以及情景动态变化下的重大灾害事故现场多源信息融合、情景构建、情景推演等关键技术的研究还处于起步阶段，对重大灾害事故不同演变阶段的态势演化，缺乏有效的、动态的应对策略。当前的研究成果还不能很好地为大数据背景下的重大灾害事故应急决策提供理论基础和技术支撑，因此，基于大数据的重大灾害事故应急决策方法和理论应用还需要进一步深入研究。

本书在深入剖析国内外重大灾害案例的基础上，拟开展大数据背景下重大灾害事故应急决策模型及应用研究。重点解决情景动态变化条件下，不同阶段基于实时数据的重大灾害事故应急决策理论和方法实现问题，为重大灾害事故现场科学决策提供借鉴。研究成果将进一步丰富和拓展应急决策领域研究内容，对有效提升国家应急部门处置重大灾害事故的应急能力和水平，发展和完善重大灾害事故应急救援理论具有非常重要的现实意义。

二、研究意义

目前，将大数据信息技术与重大灾害事故应急决策相结合的理论和应用研究较少，难以为应急救援和决策部门提供强有力的理论基础和技术支撑。本书针对重大灾害事故现场应急决策的全过程进行深入研究，研究成果具有理论与现实的双重意义，具体说明如下：

（一）理论意义

本书以历年经典重大灾害事故案例为研究对象，在前人研究的基础上，通过分析灾害事故的发生，识别影响应急救援行动决策的信息集合，提取灾害事故现场影响指挥决策的关键信息，分析灾害现场决策信息的采集模式和特点，构建重大灾害事故大数据信息边缘计算模型，为应急救援部门制定决策提供信息支撑；针对重大灾害事故在空间上群聚、时间上群发的特点，从事故演化机理、情景构建和推演、决策分析与动态优化等方面展开研究。研究成果将充实和丰富重大灾害事故情景构建与决策分析的相关理论和数学模型；另一方面，也为深入开展基于"情景-应对"的科研研究提供新思路和新视角。

（二）应用价值

本书研究中形成的重大灾害事故信息决策模型，可为分析事故演化过程中各类信息之间的关联性和不同决策信息对应急决策效能的影响提供帮助。边缘终端传感器根据选择出的灾害关键决策信息能够快速进行数据采集、实时更新，辅助决策者全面认识当前事故状态和未来发展态势，确定当前情景下应急决策的主要方面，通过定性、定量分析决策变化与灾情演化之间的内在规律，有利于指挥员根据当前灾情状态及应急目标，在应急处置过程中做出实时、科学的应急决策。

第二节
国内外研究进展

重大灾害事故应急决策模型研究是应急领域研究的重要内容之一，如何在灾害事故发生时进行高效的应急决策，制定科学合理的应急方案，一直是相关部门和学术界迫切需要解决的重大问题。由于重大灾害事故具有波及范围广、演化过程复杂、救援时间紧迫等特点，因此，此类灾害事故的应急决策与常规应急决策相比具有很大的不同，应急方案的制定需要充分体现时效性和可行性。目前，对于重大灾害事故应急决策模型的研究，主要集中在多源信息采集、情景推演数学模型构建和应急决策方案生成方法等方面。

一、重大灾害事故现场数据融合与智能分析研究

目前，国内外学者对于灾害现场数据融合与分析的研究主要集中在三个方面：一是多源信息筛选，即面对纷繁复杂的灾害现场，通过对历史案例进行快速分析，从海量信息中提取真正影响现场应急决策的关键信息集合；二是信息融合，即利用边缘计算理论和方法，对现场选取出的海量决策信息集合进行分析，将大量数字、文本信息等不同格式信息进行客观表示，减少数据量，提高

决策指挥效率；三是信息的处理，即将不同传感器采集而来的例如数字、文本、视频、图片、声音片段等不同类型数据进行多源数据的融合处理，使其可直观展示给现场决策指挥群体，直接辅助指挥者进行现场决策。

"决策信息"指的是当重大灾害事故发生后，应急决策主体根据不断发展变化的事故状况，及时收集到的真正影响事故现场应急决策的灾害信息。然而，由于重大灾害事故演化的复杂性与不确定性等特点，导致灾害事故现场信息种类较多，受灾害现场条件限制，很多信息的效率低下且往往无法对应急决策提供帮助，因此，需要有针对性地遴选出真正影响现场应急救援行动的关键信息。目前，国内外学者针对信息筛选这一方面的研究颇多。从主观方面看，多数学者认为仅仅依靠层次分析法、专家打分等包含个人主观色彩在内的研究方法不能科学严谨地筛选出应急决策所需要的现场关键信息。针对某类特定灾害事故通过大量典型性案例进行实际分析，再通过数学算法将初步筛选出的信息进行关联度检测，从而筛选出特定类型灾害的决策信息是当前信息决策研究领域的主流思想。

（一）针对案例中多源信息提取的研究

近年来，国内外学者在研究灾害事故信息选取过程中，涉及灾害现场信息的研究较多。巩前胜用扎根理论对突发事件情景的构成要素进行了研究；刘宇等将事故中多源异构信息进行整合，帮助决策部门准确掌握现场态势。于小兵等人以东南沿海台风灾害为例，对信息扩散下的灾害进行风险评估。由此可见，提前对不同类型的灾害事故进行分析，确定影响事故处置的决策信息是迫切需要解决的关键。

（二）针对案例中多源信息关联度的研究

彭蛟等运用交叉影响矩阵相乘分析方法识别出系统中各因素的驱动力和依赖性。岳洪江运用 ISM 模型对社会科学成果转化系统影响因素进行分析。补利军集成 DEMATEL 和解释结构模型计算各因素影响因子，从而构建多层级影响因素模型。

随着灾害信息数据量的不断攀升，云数据中心服务器对数据进行统一收集、传输、处理的传统模式已经不能满足灾情发生后救援力量迅速调度、快速响应、实时处置的救援要求。边缘计算可以同时满足移动网络高带宽和低延迟的要求，缓解数据中心网络数据调用的压力，推动云数据中心与边缘存储终端融合，将云数据中心的大部分处理任务卸载到网络边缘终端上去，在靠近用户侧提供数据预处理、预存储、横向数据调用等服务，从而更好地减少数据传输过程中所造成的时间延迟，为情景不断变化的灾害现场动态应急决策提供了良好的技术支撑。

（三）针对灾害现场车辆信息处理的研究

周鹏、徐金城以边缘计算法为基础，进行工业物联网中的任务卸载和资源分配研究。段懿洋基于边缘计算解决了 USV 架构与边缘终端服务器数据接入问题。Chen 从时空数据推断车辆运输调度的实际应用。

（四）针对灾害现场受灾信息处理的研究

王君构建了灾害现场建筑物破坏模型，并以 B/S 网页模式进行展示。黄三、张法全设计了槽波地震实时数据监测与分析系统。

（五）针对信息融合中多源异构信息本体模型的研究

学者关于多源异构信息的研究都旨在通过对目标内容进行语义标注来实现多源异构信息有效融合。王文俊扩展了 ABC 模型，并将其应用于应急事件本体中去，所构建的新模型 E2M 将应急事件拆分成了事件、过程、动作三个组成部分。王文俊等人又将 ABC 模型与组织结构相结合，构建了 eABC 本体模型，并将其当作基础，构建应用层本体模型（ECOM）。Joanicjuse 认为情景构建是从另外一种角度对未来进行的逻辑和形式构建，它基于异构专家组对相关因素的详细研究和对这些因素形成的影响的理解，是连接历史和未来的假象事件，可以帮助决策者做出合理的决策。

二、重大灾害事故现场动态情景构建及推演研究

要研究灾害事故情景发展的过程，就要厘清灾害演化机理，找出事物发生、发展的内在逻辑和规律，分析灾情间的作用机理、演化路径关系，达到实施科学应急救援的目的。

（一）针对突变理论的研究

Wang、Chen 利用尖点突变理论，分别分析了铁路交通事故、铝粉爆炸事故的动态演化过程。在此基础上，贾进章、Gao 将突变理论与模糊数学、粗糙集等相结合，分别针对大型商场火灾事故、生态环境事故的演化过程，构建了相应的突变定量评价体系。

（二）针对系统动力学的研究

陆秋琴、王金花分析了仓库火灾事故演化的影响因素。陈伟珂通过可视化方法描述了危险化学品储运火灾爆炸事故中致险因素的耦合累积过程。Tae 将系统动力学与模糊数学相结合，从人员因素、现场警戒、灾害控制三个方面，定量分析了核事故的演化过程。

（三）针对生命周期理论的研究

陈安认为突发事件的演化分为孕育期、爆发期、发展期、衰退期和终结期 5 个阶段，对应风险识别、预测预警、应急响应、处置救援、恢复重建 5 个方面的应急决策。尹念红按照突发事件不同生命周期阶段的特征，综合考虑致灾诱发因素、外部环境影响因素等，提出一种基于语义信息的应急决策方法。

情景构建，是危害识别和风险分析的过程，是基于"真实事件与预期风险"而凝练、集合成的事故共性规律的描述。研究内容主要包括情景要素提取、情景路径表达两方面。

（四）针对情景要素提取的研究

针对情景要素的提取，国内外专家学者主要结合灾害系统论、公共安全三角形模型等理论，利用集合论和知识元等方法。其中，武旭鹏、杨峰等将情景划分为致灾体、承灾体、孕灾环境三个维度。在此基础上，马文笑考虑了应急管理因素，将情景划分为致灾体、承灾体、孕灾环境、应急管理四个维度。王颜新考虑了事故状态的自身演变，将情景划分为结构要素与驱动要素。其中，结构要素包括致灾因子、承灾体和孕灾环境；驱动要素包括决策主体的处置措施和事故自身演化。朱伟认为情景要素包括对象表达、灾情向量、情景环境和情景对策四个维度。宋英华将情景划分为突发事件、承灾载体和应急管理三个维度。

（五）针对情景路径表达的研究

核心思想是在情景要素提取的基础上，分析情景间演变规律，实现当前事故状态及未来发展态势的普遍性和规律性描述。其中，舒其林针对当前事故情景，从事故状态、致灾因子、处置措施三个要素着手，按照处置有效、无效两种事故发展方向，进行情景演变路径分析。在此基础上，夏登友综合考虑当前事故情景和应急目标进行情景表达和分析。周扬在前者情景演变规律分为处置有效、无效的基础上，认为事故情景演变有控制、恶化、放纵三种发展方向，对城市综合体火灾事故情景演变的可能路径进行了研究。

三、重大灾害事故应急决策方案生成及筛选研究

应急决策，是短时间内收集处理现场信息、明确应急处置目标、拟定并筛选作战方案、组织力量控制灾情的动态过程。研究主要包括决策方案生成、决策任务分析与优化两方面。

（一）针对"情景-应对"型重大灾害事故应急方案生成的研究

一些学者专家通过对重大灾害事故情景的表示和构建，分析事故的情景构成及其演化，来制定相应的应急方案。例如舒其林在重大灾害事故的情景态势分析基础上，结合"情景-应对"模式特点和非常规突发事件应急决策系统的需求特点，提出了一种非常规突发事件的"情景-应对"决策方案生成及实施过程模型。王建飞提出一种基于情景平衡的灾害应急方案生成模式，探索将应急管理描述为一种"状态、目标、成本、决策"相匹配的稳定状态，并基于地震灾害情景平衡各构成要素及相互关系，获得一种地震应急方案即时生成方法。

（二）针对量化情景发生概率的研究

一些学者专家通过构建重大灾害事故情景推演模型，对事故情景进行推演并量化其发生概率，以情景推演结果为应急处置目标，有针对性地给出相应的应急方案。于超通过提炼重大灾害事故应急方案生成问题，提出了一种估计情景概率的主客观信息集成方法以及基于故障树分析的重大灾害事故应急方案生成方法，为解决重大灾害事故应急响应问题提供了可参考的方法。张明红以情景的元素构成和表达方式揭示了重大灾害事故情景演化的路径、驱动要素之间的联系，并基于此构建了灾害事故情景推演模型，根据事故情景发生的概率生成针对性的应急方案。

（三）针对结合案例推理（CBR）的研究

夏登友研究了基于知识元和案例推理技术的重大灾害事故应急决策方案生成方法，该方法针对灾害事故情景，可做出动态调整。郭玮提出一种基于案例的应急情景决策方法，对突发事件应急决策各阶段的关键内容进行分析，研究了从应急案例中获取备选应急情景决策方案的过程和方法，修正与应用备选情景决策方案生成当前情景的应急情景决策方案，在此基础上构建了基于案例的应急情景决策系统框架，充分利用应急案例中的"情景-应对"知识生成应急

情景决策方案，提高了应急情景决策的可行性和有效性，降低了决策者的压力。王一波提出了基于情景的案例本体模型 SECOM，在情景案例库基础上，给出基于情景的应急处置过程并提出应急决策方案生成方法，很好地解决了案例推理技术在突发事件应急决策中所遇到的问题，可用于突发事件数字化表示方法及应急方案生成方法，具有较强的实用价值。

在应急方案生成方法和情景构建的基础上，为了根据灾害现场实际情况快速制定应急方案，提高应急处置效率，国内外学者将信息技术、GIS 技术、案例推理（CBR）技术、智能规划（HTN）等人工智能技术应用到应急决策领域，很大程度上增强了灾害现场应急方案生成的科学性和时效性。

（四）针对信息技术支持系统的研究

陈国华结合物联网技术的发展趋势以及园区应急管理的实际需求，从三个层面分析了搭建园区物联网应急管理平台应着力解决的关键技术，并认为感应层面应重点进行高可靠性感知终端的研发以及布点标准制定，提出了一套完整基于物联网技术的应急管理平台搭建方案。马文娟针对当前地震数字化观测存在的监测数据传输和震后应急调度支撑不足的问题，研究将新型传感物联网技术应用在地震监测区域，结合云计算技术提高地震大数据的实时处理与应急调度能力，设计了一套基于物联网与云计算架构为核心的地震大数据应急调度平台的解决方案。

（五）针对 GIS 支持系统的研究

方小娟设计并实现了一种基于移动 GIS 的面向突发性大气污染事故的移动应急管理平台，综合运用了移动终端技术、移动定位技术、嵌入式数据库技术、远程传输技术等移动 GIS 相关技术，可为突发性大气污染事故应急的现场处置提供有效应急方案生成平台。李红清针对溢油应急管理中存在的问题，对溢油轨迹预测模型、溢油应急资源调度模型和 GIS 显示技术进行了探讨研究，实现了基于 WebGIS 的海上溢油应急方案生成支持系统。

（六）针对案例推理支持系统的研究

目前，利用案例推理（CBR）技术生成应急方案是研究最为广泛的应急方案生成方法之一。Yu 针对案例推理研究大多集中于单一灾害响应，在复杂事件中影响应急管理的能力有限问题，分析了基于案例推理（CBR）和历史案例在提高突发事件应急决策效率方面应用的可行性。桂红军将本体和案例推理结合起来，在分析灾害事故类型和特征的基础上，构建了 CMAERCRS 的框架；

采用结构和局部相似度结合的方法计算整体相似度，提高了检索效率和准确性，运用系统工程及计算机科学与技术等知识对灾害事故应急救援案例推理系统（CMAERCRS）进行了较深入的研究。封超针对突发事件应急方案生成问题，提出一种考虑属性特征权重影响的应急方案生成方法，该方法基于案例推理（CBR）理论，将基本遗传算法（SGA）和粒子群优化算法（PSO）引入属性特征权重的计算中，通过收集到的数据验证了案例间相似度计算的准确性，说明所提方法的有效性和可行性。

四、研究现状评述

从上述相关文献可以看出，国内外学者在灾害数据融合与分析、灾害情景构建及推演、应急决策方案生成及筛选等方面进行了大量的研究工作，主要在多源异构数据融合、灾害事故演化机理分析、"情景-应对"的应急方案生成方法和模型等方面获得了突破性的进展，但是目前的研究成果还不能很好地为大数据背景下的灾害事故应急决策模型构建提供理论基础和技术支撑，有些方面仍需要深入研究。

（一）研究技术手段不丰富

目前对于决策信息的筛选问题多数仍使用经验方法，受研究者主观意识的影响，偏向于用专家打分等手段进行决策信息的选择，一定程度上忽视了以往经典历史案例所能提供的数据支撑和数学方法等科学手段的实际应用，同时对于决策信息间关联性的分析缺少研究，当应急救援力量不足时，第一时间进行采集的决策信息应该是对其他灾害信息有着关键影响的，这样生成的决策信息很大程度上不能直接辅助应急救援现场指挥者进行处置决策，因此对于决策信息的选择和关联度分析还须进一步完善。

边缘计算应用不成熟。边缘计算逐渐被广大救援领域专家应用于灾害事故现场应急行动中。其中，主要应用于车辆导航、国家电网设施安全、资源分配及服务迁移等方面，针对重大灾害事故的研究很少。因此，在研究中尝试将边缘计算法引入火灾领域，利用多传感器终端设备数据预处理的模式，减少灾害事故动态发展情况下数据传输、处理的时间消耗，以期为时刻变化的重大灾害事故现场提供决策支撑。

可视化情景构建不具体。从边缘终端数据库到指挥中心数据库，要实现灾害现场情景的可视化，还需要确定决策信息的语义提取规则，然而，此领域的研究内容还处于空白阶段，需要进一步分析决策信息，确定科学实用的提取规则，保证决策信息完整、直接、快捷的可视化表示。

（二）演化机理分析不全面

深刻认知事故演化机理是情景演变路径分析和情景构建的基石。重大灾害事故具有空间上群聚、时间上群发的特征。事故的演化实质上是不同区域、不同阶段灾情耦合作用的结果。现有的研究针对多灾种状态下不同区域灾情的作用机制探讨不足，难以为情景构建和决策分析等提供理论支持。

情景要素提取不完善。情景要素提取与归纳是情景表达的关键，是实现情景构建的基础。目前，国内外专家虽然运用了不同的情景要素描述方法、结构和内容，但是在情景要素提取、情景构建时主要选择了以时间为主线进行提取和表达，针对同一时刻不同地点存在多处灾情的特点，以事故演化机理为主线进行情景要素提取的研究较少，从而导致事故情景不全面、不规范。

情景演变规律分析不客观。情景演变规律分析是进行情景构建的核心。目前，针对情景演变规律的研究较为缺乏，情景演变路径的分析大多基于"有效""无效"两种、"控制""恶化""放纵"三种等，重大灾害事故演变的多径性、多变性和多范畴性等特点体现不足。

决策分析与事故演化联系不紧密。决策分析是基于实时情景进行动态应急决策的重点。现有研究主要是基于案例推理的方法，在此基础上，引入了运筹学、模糊数学、风险分析等理论。然而，对于决策变化与灾情状态演化之间的关联性、动态性分析不足；在情景驱动下，对关键情景状态和整个灾害事故灾情演化趋势动态推演不足，不能很好地体现基于实时情景的事故动态应急决策指挥的特点。

（三）方案生成手段不科学

已有文献资料对应急目标和任务的确定从之前的经验预测法到情景分析和推演的方法有了巨大的转变，使得应急目标和任务的确定更具科学性，但以情景为依据如何准确、科学地制定应急任务目前研究较少，没有相应的程序化方法。在以应急目标为中心开展的一系列应急任务执行过程中，从之前经验预测制定应急具体行动到情景描述、检索与案例推理技术以及两者的结合，实现了应急方案的自动生成，提升了应急方案的应急处置效果，但由于当前历史案例库存量有限，时常会出现检索不到相应历史案例的情况，因此在应急目标和任务确定后，应急行动的具体方案生成方法还有待丰富，以便应急决策主体拥有多种方式制定方案。

方案资源调度配置不合理。以往应急方案生成方法和模型制定的应急方案，在应急资源调度与配置方面研究存在不足，一些学者进行了针对应急资源优化配置的专门研究，包括应急资源的储存、调度协调等，但就针对应急任务和行动规划后，各应急组织实体如何根据自身应急任务获取相应应急资源以及有限资源的协调方面研究不足。因此，在"预测-应对"模式应急方案生成方法逐渐向"情景-应对"模式转变的趋势下，如何进一步丰富以"情景-应对"模式为基础的应急方案生成方法和模型方面还须进一步深入研究。

第三节
研究内容和方法

一、主要研究内容

（一）重大灾害事故应急决策理论分析

通过文献资料查阅与相关案例调研，对重大灾害事故进行界定和特征分析，分析其应急决策方式的转型及"情景依赖"性；综述大数据背景下国内外重大灾害事故应急决策的研究现状和目前已有的决策理论和模型，并指出现有研究的不足之处，在对相关研究现状分析的基础上，确定本书的研究内容和关键技术。

（二）基于大数据的重大灾害事故应急决策模型构建

（1）基于边缘计算方法的重大灾害事故现场大数据智能分析技术。对火灾、爆炸等重大灾害事故现场大数据的采集技术、分析技术及融合技术进行调研和分析，针对目前重大灾害事故现场大数据采集庞大、分析效率低下、兼容性差、挖掘深度不够等问题，提出基于边缘计算方法的重大灾害事故现场大数据智能分析技术。

（2）基于实时数据的重大灾害事故情景构建及推演方法。以大数据信息为基础，针对边缘终端设备采集的灾害信息进行表示及重大灾害事故情景模型的构建，并以软件形式将灾害信息进行直观展示。分析火灾、爆炸等重大灾害事故的演变规律，探讨类似重大灾害事故的演变机理和情景的演变路径、特征要素；通过分析各情景要素间的因果关系，将灾害现场数据与 Petri Nets、案例分析等方法相结合，设计基于结构相似度和属性相似度双层相似的情景匹配算法与推理决策流程，构建基于实时数据的重大灾害事故的情景推演模型，最终形成事故情景演变综合态势图，并以实例验证研究可行性，为大数据背景下火灾、爆炸等重大灾害事故应急决策奠定基础。

（3）基于"情景-任务-资源"的重大灾害事故应急决策方案生成方法。从灾害事故情景角度出发，以情景分析为基础，基于 RHI（现实条件 Reality、上级指示 Higher-up、行动意图 Intention）构建重大灾害事故情景应急目标决策模型；针对已制定的应急目标，利用任务分解法（Work Breakdown Structure，WBS）的思路，提出应急任务分解的原则和标准，分析应急子任务分解的可行性及各子任务间的关联关系，确定应急子任务分配的最佳方法；研究构建重大灾害事故应急任务网络，分析应急任务的重要程度及各应急任务之间的关系，识别应急目标和各应急任务之间的共享资源，研究应急资源的优化配置方法，实现有限应急资源的最优配置和科学调度，从而保障关键应急任务的顺利完成，提高重大灾害事故现场应急决策的效率。

（三）大数据背景下重大灾害事故应急决策模型应用

基于上述应急决策模型，以典型火灾、爆炸等重大灾害事故应急实践活动为例，验证情景动态变化下，基于大数据的重大灾害事故应急决策实际应用。实现重大灾害事故发生后，此类灾害事故的多源信息处理方法、情景推演方法、动态生成应急决策方案和应对策略，辅助应急决策主体科学决策。

二、主要技术路线

这里的主要技术路线图如图 1.2 所示。

三、主要研究方法

这里将综合运用系统论、控制论、信息技术、计算机技术、灾害社会学、灾害管理学等多个理论和方法，利用多学科交叉融合知识研究大数据背景下重大灾害事故应急决策方法及其应用。

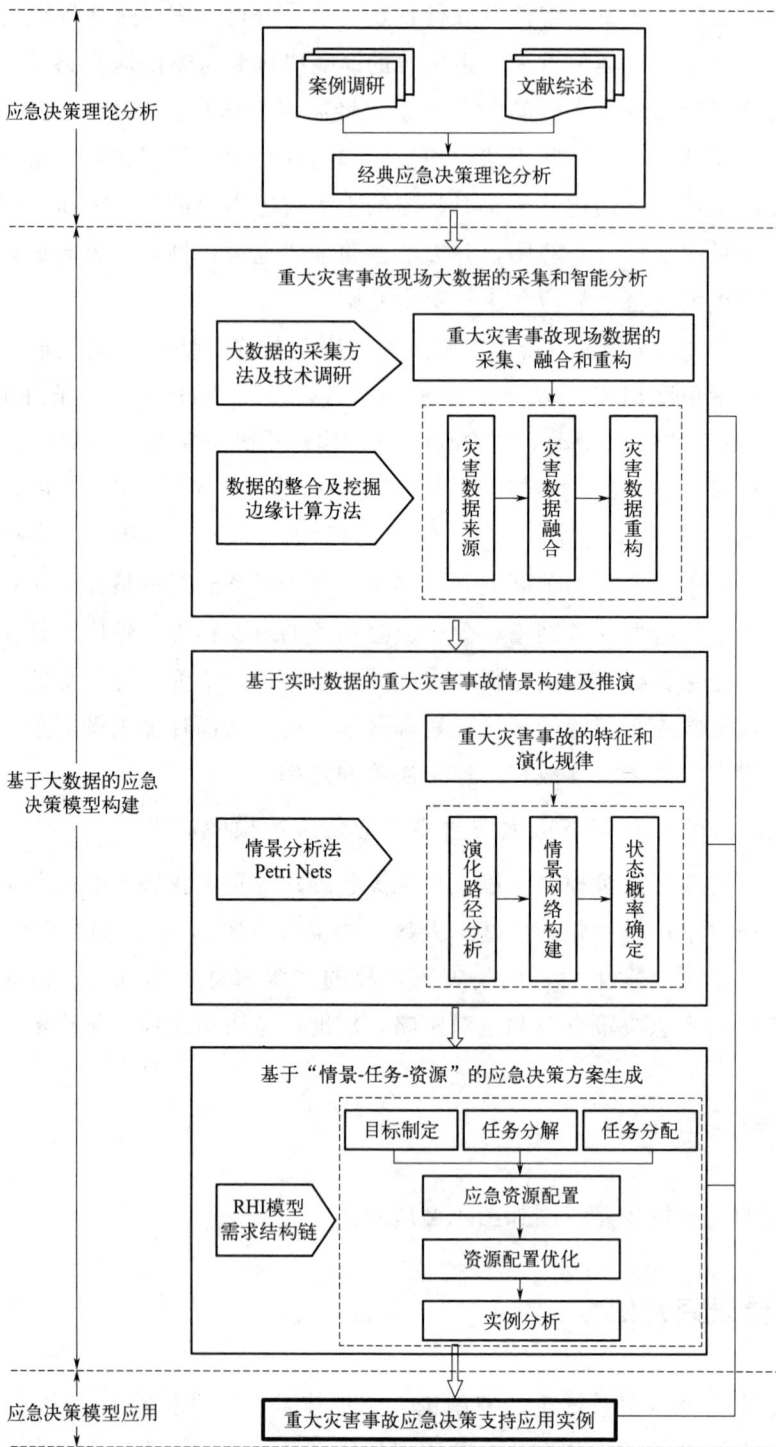

图 1.2　技术路线图

（一）文献法

通过收集和查阅国内外学者关于应急决策的相关研究成果，分析大数据背景下重大灾害事故现场数据采集、传输、管理、分析、可视化等技术应用现状，以及重大灾害事故现场事故演变模式及路径，确定具体研究对象；厘清重大灾害事故应急决策的研究现状、存在的不足以及下一步研究方向等相关问题，在此基础上构思和设计了研究内容。

（二）逻辑构建法

运用信息技术、计算机技术提高灾害事故现场大数据的分析、融合效率，提出基于边缘计算方法的重大灾害事故大数据智能分析技术；将现场大数据与 Petri Nets、案例分析方法相结合，在分析、研判重大灾害事故情景发展、演变特点和规律的基础上，构建基于实时数据的重大灾害事故的情景推演模型，解决情景动态变化下重大灾害事故应急决策过程中存在的随机性和模糊性问题；结合应急知识规则，以重大灾害事故情景推演结果为基础，结合现场处置目标，研究情景动态变化下重大灾害事故应急决策方案生成和筛选方法。

（三）实例验证法

以重特大火灾、爆炸等灾害事故应急处置为例，对大数据背景下重大灾害事故应急决策理论进行实证分析，验证本研究的应急决策模型的科学性和可靠性。

第四节
研究创新之处

本书的创新之处主要体现在以下几个方面：

（1）基于承灾体的重大灾害事故区域灾害链演化模型，在灾害系统论的基础上，结合消防救援队伍的应急需求，从承灾体角度，有效分析了重大灾害事故的链式演化过程。

（2）对历年经典案例进行了分析，提出以扎根理论和解释结构模型对灾害事故信息进行筛选，探索重大灾害火灾的演变机理、规律，确定决策信息；分析灾害情景单元中致灾体、承灾体、应急技战术、应急资源、外部环境等信息之间的关系，确定灾害情景单元内部影响因素的关系；分析各类决策信息间的相互关联程度，确定决策信息重要性，生成重大灾害事故多层级信息图。基于重大灾害事故多层级信息图，利用边缘计算方法实现对事故现场信息采集终端设备的数据预处理和多源异构数据融合，主要针对不同种类的终端设备，设计专属的决策信息预处理模型，将异构数据统一归元化，提出灾害现场信息管理新逻辑，为现场救援阶段的应急决策提供可靠的信息支撑。

（3）基于已完成处理的异构决策信息数据，针对边缘终端设备预先进行数据标注，同时界定现场情景概念，基于情景的重大灾害事故情景表示方法，从时间、空间两个维度提取情景要素，分析情景的演化路径关系，一方面提升了事故情景表达的准确性、全面性和规范性；另一方面，解决了情景演变路径描述的多径性、多变性和多范畴性问题。

（4）基于随机 Petri 网的重大灾害事故情景表示方法，在利用情景表示的基础上，利用随机 Petri 网理论，将事故情景表示集中于事故状态和应急决策指挥两方面，有利于决策主体快速识别当前灾情状态。

（5）基于马尔可夫链的重大灾害事故决策分析及优化方法，从静态、动态两个角度，分析随机 Petri 网系统中事故状态和应急决策指挥之间的关系，解决决策变化下，关键情景状态和整个灾害事故演化趋势的动态推演不足的问题。

（6）结合 WBS 任务分解思路和层次分析原理，提出应急任务的分解和分配过程，使得应急方案中的应急目标产生的任务得到层层分解，并分配给相应的应急行动主体；在任务分配中考虑应急行动主体和应急任务影响两大因素，实现应急子任务最优化的分配方案。

（7）利用"滚雪球"原理构建应急任务网络，把应急处置过程中每个任务都加入到网络中，并对网络进行分析，识别各项应急子任务的重要性程度，用于有限资源的协调配置；同时，针对应急目标重要性随时间的变化，应急子任务重要性程度也会变化，从而调整全局应急资源倾斜配置的方向。

第二章
重大灾害事故界定与演化机理分析

相较一般灾害事故而言，重大灾害事故具有明显的罕见性、严重的破坏性和演化的不确定性等特征。为深入分析其系统构成及灾情演化机理，本章依据相关法律法规、技术标准和文献资料，界定重大灾害事故的涵盖范围和等级含义，分析灾情状态演化和应急决策指挥的特征；针对重大灾害事故空间上群聚、时间上群发，演化具有极强区域性的特点，立足于应急决策指挥需求，提出"区域灾害系统"的概念；在分析事故演化形式、系统构成要素关系的基础上，从承灾体角度分析重大灾害事故区域灾害链的演化机理，为数据融合、情景构建与决策分析奠定基础。

第一节
重大灾害事故的界定

一、"灾害事故"的涵盖范围界定

2018 年，我国整合了国家安全生产监督管理总局等 11 个部门的 13 项职能，组建了应急管理部，组织承担应对自然灾害和事故灾难的任务。根据消防救援队伍职能职责和专家学者的相关研究，本章认为灾害事故包括自然灾害和事故灾难，依据法律法规、文献资料、国家应急预案以及《自然灾害分类与代码》（GB/T 28921—2012）等规范标准，将灾害事故划分为 9 大类，具体包括 55 种事故，如图 2.1 所示。

二、"重大"的等级含义界定

《中华人民共和国突发事件应对法》（以下简称《突发事件应对法》）将自然灾害和事故灾难的等级划分为特别重大、重大、较大和一般四个等级。但是，不同类型的灾害事故具有自身的事故特点和演化规律。因此，针对事故等级的认定，现有法律法规、规范标准、文献资料等主要是依照事故类型而定，对"灾害事故"的"重大"等级含义没有清晰的界定。

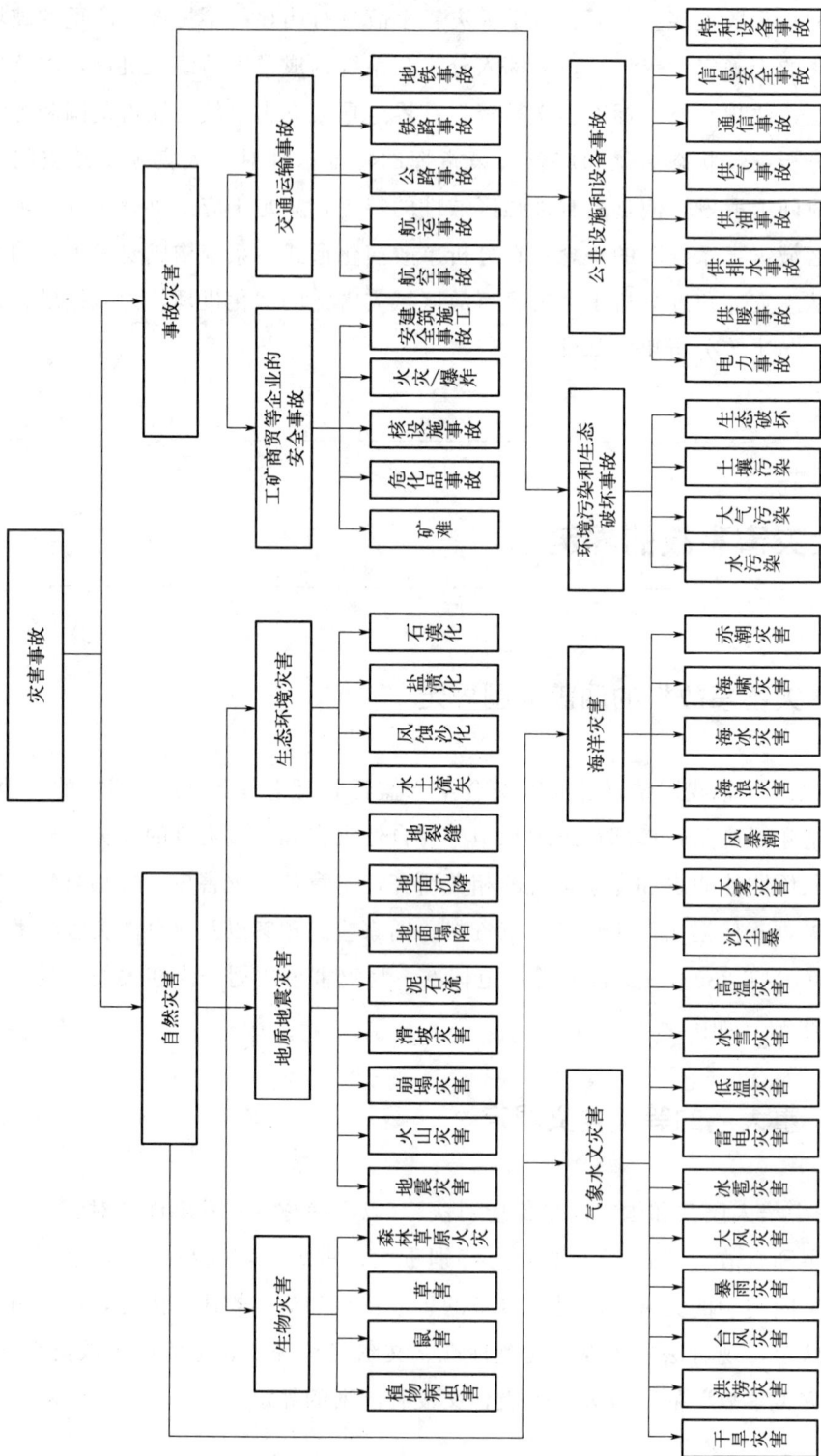

图 2.1 灾害事故的分类

2019 年 12 月 2 日,河南省应急管理厅印发施行了《河南省事故灾难和自然灾害分级响应办法(试行)》(2019),界定了生产安全事故、火灾事故、森林火灾、洪涝灾害、旱灾、地质灾害和地震灾害 7 种灾害事故的分级标准。例如,针对生产安全事故,"重大"界定为造成 10 人以上、30 人以下死亡,或 50 人以上、100 人以下重伤(包括急性工业中毒),或 5000 万元以上、1 亿元以下直接经济损失。针对洪涝灾害而言,"重大"界定为发生区域性严重洪涝灾害造成农作物受淹、群众受灾、城镇内涝等严重灾情,或主要防洪和重要河段接近保证水位,或主要防洪河道一般河段及主要支流堤防发生决口,或大型水库发生较大险情,或位置重要的中小型水库发生重大险情,或小型水库发生垮坝,或发生山洪灾害造成 10 人以上、30 人以下死亡。

《突发事件应对法》中"重大""特别重大"等级的事故,是消防救援队伍应急处置的难点。基于此,本章认为重大灾害事故的"重大"等级含义,可以扩大理解为《突发事件应对法》中"重大""特别重大"等级的事故。

基于统计数据和事故处置经验两个视角,可以从此类事故的发生频率、作用影响和处置特点三个层级对"重大"的等级含义进行界定。

(一)第一层级——明显的罕见性

重大灾害事故在日常生活中没有或很少发生,具有明显的罕见性,导致消防救援队伍对于此类灾害事故的发生方式、演化机理等认识不充分,难以预测其演化的路径。以火灾事故为例,2013~2022 年,全国平均每年发生火灾 40.1 万起,其中,重大及重特大火灾事故平均每年发生 3.2 起,占全年发生火灾事故数量的 0.001‰,即约 10 万起火灾事故中才发生 1 起重特大火灾事故,具有明显的罕见性。

(二)第二层级——严重的破坏性

重大灾害事故发生数量少、频率低,具有明显的罕见性,一旦发生,往往造成大量的人员伤亡和严重的经济财产损失。以重大及重特大火灾事故为例,年均发生 3.2 起,造成的人员伤亡为 74.5 人,占全年火灾事故造成人员伤亡的 5.12%;造成的直接财产损失为 1.214 亿元,占全年火灾事故造成直接经济财产损失的 5.36%,具有严重的破坏性。

(三)第三层级——处置的灵活性

一方面,由于重大灾害事故具有明显的罕见性,消防救援队伍在处置此类灾害事故时,可参考的应急预案或可借鉴的历史资料实用性不强;另一方面,由于重大灾害事故具有严重的破坏性，要求消防救援队伍在最短时间内控制灾情、消灭事故，减少由于致灾因子持续作用而导致的人员伤亡和财产损失。因此，常规的处置灾害事故的程序和方式已不适用，必须采取灵活的方法进行应对，具有处置的灵活性。

第二节
重大灾害事故演化和决策特征分析

分析重大灾害事故的灾情演化和决策指挥特征，是全面认识事故特点、深入研究演化机理、高效处置事故的核心。虽然，不同类型重大灾害事故的致灾原因、爆发形式、破坏程度以及影响范围不同，具有自身独特的事故性质特征。但是，通过统计分析大量典型重大灾害事故案例发现：在事故灾情状态演化和应急决策指挥方面，此类事故主要存在以下五个显著特征：

（一）灾情演化具有典型的区域性

重大灾害事故，一方面具有空间上群聚、时间上群发的特征，即灾情状态的分布具有极强的区域性，事故演化过程中，往往会形成多种灾情状态并存的局面；另一方面灾情状态分布的区域性，决定了事故演化是不同区域灾情耦合作用，引发一系列次生或衍生灾情状态产生的过程。

（二）灾情演化具有显著的多径性

重大灾害事故演化是诸多相互紧密联系的因素耦合作用的结果。其中，主要受到事故自身演化规律、消防救援队伍应急干预两方面的博弈影响。消防救援队伍应急决策指挥的类型、实施速率、实施强度等的差异，决定区域内灾情的影响范围、承灾体的受灾程度等，使事故演化具有显著的多径性。

（三）决策指挥具有信息的滞后性

灾情信息的收集，是动态调整应急决策指挥、部署救援力量的基石。由于重大灾害事故灾情演化的不确定性、复杂性以及应急决策指挥的紧迫性等，导致事故现场信息收集具有滞后性，消防救援队伍无法准确辨识灾情状态、提前部署救援力量。

（四）决策指挥具有程序的非常规性

常规决策指挥时间充足，一般依据相应的应急预案，结合事故的实际情况、决策主体的实际经验，讨论、修正决策方案，达到最佳处置效果。但是，重大灾害事故应急处置过程中，受到灾情演化迅速、现场信息获取不完全、应急资源紧缺等因素影响，决策主体无法按照常规性、程序化的常规决策程序完成，具有决策程序的非常规性。

（五）决策指挥具有明显的阶段性

重大灾害事故处置过程中，依据灾情演化的不同阶段和特点，现场总指挥部通常制定不同的处置目标来划定相应的救援阶段，分解落实救援任务，具有处置的阶段性特点。其中，事故发生初期，由于应急救援力量不足，不能满足处置事故的需求，往往采取灾情侦察、先期控制等决策指挥。等待增援力量逐步到达事故现场后，主要采取控制事故发展的力量部署。当灾情状态得到有效控制后，往往整合力量发起总攻，最快速度消灭灾情，完成事故处置。

第三节
重大灾害事故演化机理分析

重大灾害事故演化，具有明显的复杂性和显著的系统性。分析演化的内在逻辑关系、表达形式，以及系统构成要素之间的作用关系，是明晰影响事故演化的关键要素、揭示灾害事故系统如何"运行"的核心。

一、演化形式分析

灾害事故演化，具有多主体、多因素、多尺度、多变性等特征，内在的逻辑思维关系主要是多米诺效应、连锁反应等，通过不同维度的解释，形成了链式、分层式、网络式、超网络式等演化形式。实际上，灾害事故的演化是一种灾情状态引发一系列灾情状态产生的链式连锁反应。灾害链是事故演化最核心的一种表达形式，分层式、网络式、超网络式等是在简单链式的基础上，进行维度的扩展叠加。常见的灾害事故的基本扩展方式如图 2.2 所示。

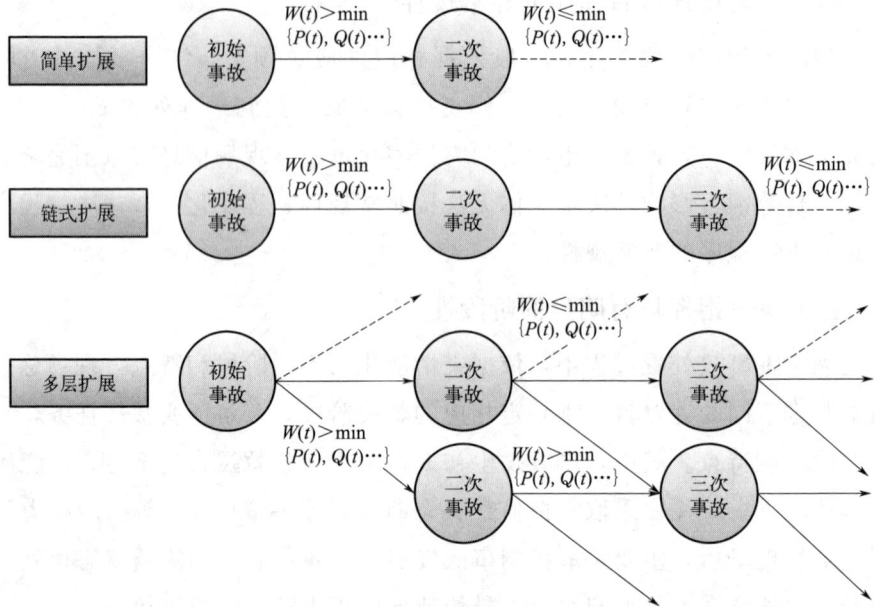

图 2.2　灾害事故扩展方式

　　假设初始事故发生后有承灾体遭到破坏，在 t 时刻产生的危险脉冲记为 $W(t)$，此时临近的灾害单元的目标承灾体受到诸如热辐射、超压破坏、碎片等威胁的危险性分别为 $P(t)$、$Q(t)$、$F(t)$，当 $W(t) > \min\{P(t), Q(t), F(t), \cdots\}$ 时，经过耦合震荡后形成新的脉冲 $W(t)'$，当 $W(t) = \min\{P(t), Q(t), F(t), \cdots\}$ 时，$W(t)$ 不变，危险程度不变；当 $W(t) < \min\{P(t), Q(t), F(t), \cdots\}$ 时，代表初始脉冲低于阈值，无法进一步造成破坏，此时灾害链中断，灾害不会进一步扩展。

　　图 2.2 中实线表示灾害的危险性超过目标承灾体承受阈值，导致二次事故发生，虚线表示灾害危险性未超过目标承灾体承受阈值，此时灾害事故传播中断。

　　（1）简单扩展：由一个初始事故引发二次事故发生的简单扩展形式。

　　（2）链式扩展：由初始事故导致周边某个承灾体破坏，记为二次事故，二次事故又导致下一个承灾体破坏，记为三次事故，依次传播直到事故结束。

　　（3）多层扩展：一个初始事故同时作用于周边多个承灾体并导致失效，引发多个二次事故，多个二次事故同样也可能导致多个承灾体失效，引发多个三次事故，且某个三次事故可能由多个二次事故共同引发，事故链传播呈树状或网状分布，是最严重的一种事故扩展方式。

二、系统构成要素关系分析

事故演化，是不同区域灾情耦合作用的结果。灾情状态的演化，是致灾因子的危险性、应急救援行动的有效性以及承灾体的脆弱性三个要素综合作用的结果。本章将致灾因子、灾情状态、应急救援行动、承灾体之间的关系划分为引发关系、作用关系和反映关系三类，详见图 2.3 所示。

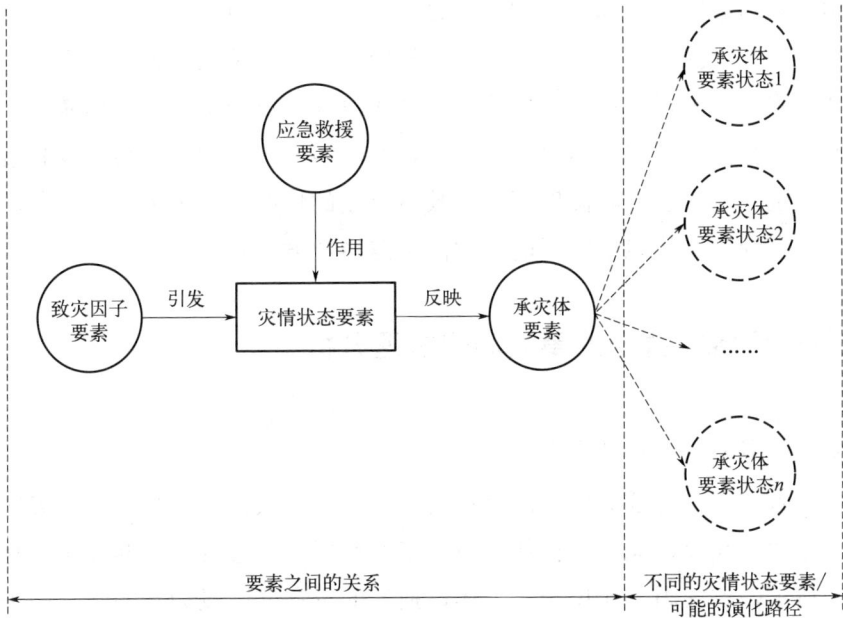

图 2.3　区域灾害系统构成要素之间的关系

（一）引发关系

引发关系，描述的是致灾因子要素与灾情状态要素之间的关系。致灾因子在灾情形成过程中具有累积效应，是诱发事故产生、推动事故演化的根源，其通过作用于区域内的承灾体，产生增强、削弱灾情程度等影响，促进、抑制事故演化。

（二）反映关系

反映关系，描述的是灾情状态要素与承灾体要素之间的关系。承灾体是承受灾情影响的载体，其属性状态的变化，反映的是灾情状态的变化。事故的演化，是灾情状态不断变化而推动形成的。根据应急救援行动要素的有效性程度，承灾体将产生不同的状态，即不同的灾情状态，也代表不同的事故演化路径。

（三）作用关系

作用关系，描述的是应急救援行动要素与灾情状态要素之间的关系。应急救援行动作用于灾情状态，通过承灾体的属性状态反映应急救援行动的有效性。其中，有效的应急救援行动使事故朝乐观方向发展，无效的决策措施使事故朝着悲观方向发展。

例如某油罐因雷击起火，雷击为致灾因子要素，由引发油罐起火燃烧的灾情状态产生，指战员将针对当前灾情施加冷却油罐、关阀断料等一系列应急救援行动，施加救援行动后，燃烧油罐的罐体温度、形变量等承灾体属性状态变化情况，将救援行动作用结果反映出来，既可能出现油罐罐体坍塌等救援不力的情况，也可能出现油罐温度下降等救援有效的情况。承灾体产生的不同属性状态，一定程度上代表了不同的事故演化路径和方向。

三、基于区域灾害链的事故演化机理分析

（一）承灾体的作用分析

一是致灾因子与承灾体之间存在转化作用。事故演化过程中，承灾体与致灾因子之间存在反馈关系，促使灾情状态在反复震荡过程中不断发生演化。如图 2.4 所示，致灾因子作用于承灾体，损失的承灾体既成为新的致灾因子又作用于下一承灾体，引发次生、衍生灾情状态产生，形成连锁反应，反复循环，推动事故演化。例如油罐 1 发生燃烧，产生辐射热（致灾因子 1），引发临近油罐 2（承灾体 1）燃烧。之后，燃烧油罐 2 产生的热辐射将成为新的致灾因

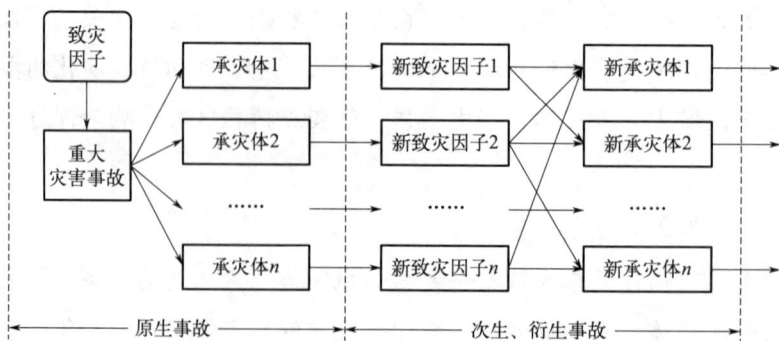

图 2.4　承灾体与致灾因子转化关系

子影响罐区其余承灾体。

二是不同承灾体之间存在关联作用。承灾体的脆弱性，体现的是承灾体应对致灾因子打击的固有敏感性，反映了遭遇灾害事故时可能遭受的损失程度。暴露是承灾体脆弱性体现的前提，即只有暴露在致灾因子影响范围内的承灾体才可能产生损失。由于致灾因子与承灾体之间存在转化关系，因此，承灾体之间地理位置分布情况决定了是否会暴露在致灾因子的影响范围内，相当于构成了灾情演化所需的孕灾环境。如图 2.5 所示，A 为已发生的灾情状态，B、C、D 代表可能受影响的不同承灾体。根据 A 产生的影响范围与 B、C、D 承灾体之间的区域位置关系，决定了是否会产生 B、C、D 灾害事故。承灾体 B 在 A 的影响范围之外，不会引发 B 事故产生；承灾体 C、D 都在 A 的影响范围之内，如果其脆弱性不能承受 A 事故的影响，将会引发灾情产生。

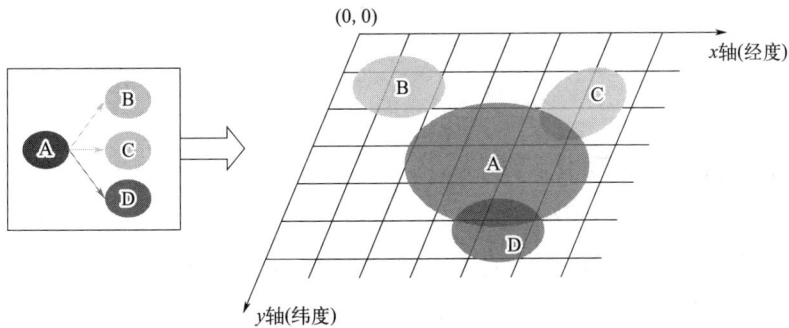

图 2.5　承灾体之间的关联性

（二）灾害链演化机理分析

承灾体的区域性特点决定了灾情分布具有区域性，以及致灾因子与承灾体之间的转化关系、不同承灾体之间构成事故演化所需的孕灾环境、承灾体的状态代表可能的事故演化路径等四方面原因。因此，以承灾体为核心进行区域灾害链分析具有较高的适应性。

如图 2.6 所示，顶层为事故区域灾害链层，即事故演化的路径层；底层为承灾体层，由承灾体及承灾体之间的关联关系构成。当重大灾害事故发生在某区域后，该区域内的承灾体 A 受到影响，产生初始事故，产生灾情状态 1。如果在灾情状态 1 的影响区域内，承灾体 B 的脆弱性不能抵抗灾情状态 1 的影响，则将产生灾情状态 2，事故演化链路为灾情状态 1→灾情状态 2。在此基础上，如果承灾体 C 在灾情状态 1 和灾情状态 2 的影响范围内，且不能抵抗二者共同产生的影响作用，则将导致灾情状态 3 产生，此时事故演化链路为灾情状态 1、2→灾情状态 3。

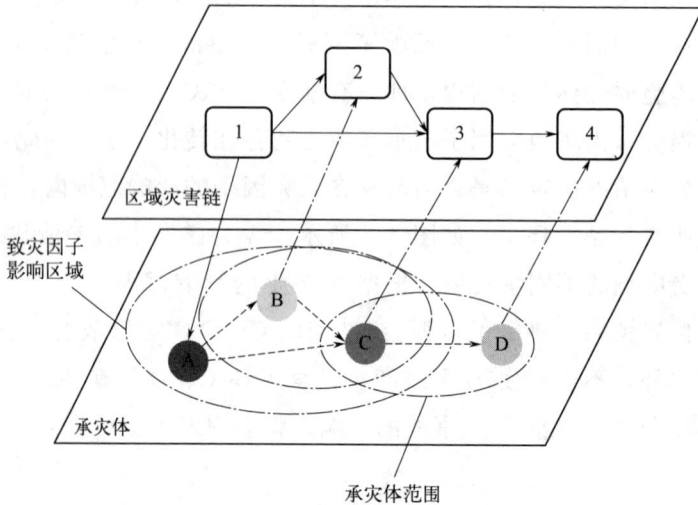

图 2.6　区域灾害链演化机理

四、区域灾害链的演化特点

前述以承灾体为核心进行了区域灾害链分析，以及对灾害事故的演化机理进行了描述，在此基础上，本章总结了区域灾害链的演化特点，具体分为以下几点。

（一）放大效应

从灾害发生，引发相应的灾害链开始，灾害阶段的逐次演变会在短时间内给区域内的承灾体造成持续性打击，极有可能导致区域内大量建筑物、设施设备的损坏以及各类功能设施安全阈值下降，区域整体防御功能大幅削弱，从而促进灾害的进一步演化，导致区域系统内灾害程度不断放大。

（二）长链效应

当灾害链拥有 3 个以上节点时，此灾害链即可称为"长链"。假如受灾区域内存在种类复杂、功能众多的建筑物、构筑物，那么区域内承灾体遭受灾害破坏导致失效的可能性很大，"长链"之间的关系也会变得极其复杂，一个节点可能有多个引发链，所以即使断掉其中一条链路，也不能保证灾害被中断。

（三）动态效应

灾害的破坏效应不是一成不变的，而是随着时间的变化而不断发生变化的。将受灾区域看作一个平衡的系统，则系统遭受灾害打击，演化为灾情状态1时，系统内部平衡被打破，即使周边承灾体暂时未满足转化为灾情状态2的条件，如果未及时对灾情状态1进行干涉，那么随着灾情的不断加强，初始灾情的破坏程度不断加大，引发了多个灾情状态后，在初始时间节点可以有效地阻止灾害扩大的方法在此时就失去了意义。

（四）开放效应

受灾区域不是封闭的系统，与周边环境存在实时的能量交换。因此周边环境变化可以实时影响到受灾区域内部，恶劣的自然条件会导致受灾区域内事故演化路径的增多以及事故后果的加重，同样地，区域内灾害造成的破坏也会反过来对周边自然环境造成影响。

（五）互斥效应

初始灾害形成后，会对周边区域的承灾体造成持续性的打击，通常情况下会引发较复杂的灾害链，从而会导致事故后果愈发严重，但是在某些自然灾害情况下，诸如台风灾害往往会携带风暴潮，因此可能会对衍生事故具有一定的抑制效果，而台风风力越大，带来的降水越多，对于衍生事故的抑制能力就越强。这类现象称为灾害之间互斥削弱关系。

本章小结

本章依据法律法规、技术标准和文献资料等，界定重大灾害事故的涵盖范围为自然灾害和事故灾难。与一般灾害事故相比，重大灾害事故具有明显的罕见性、严重的破坏性、处置的灵活性，灾情的演化具有典型的区域性和显著的多径性，决策指挥具有信息的滞后性、程序的非常规性、处置的阶段性，在此基础上，认为致灾因子与承灾体之间存在转化关系；不同承灾体之间的关联关系构成事故演化所需的孕灾环境；应急救援行动是事故演化的驱动条件；承灾体的状态代表着可能的事故演化路径。同时，基于承灾体角度，分析事故演化机理，为此类灾害事故的情景构建和决策分析奠定基础。

第三章
基于边缘计算的重大灾害事故现场大数据采集与分析

为科学合理地构建重大灾害事故的情景，需要采集和分析灾害现场数据，这些数据具有来源多、数据量体量大、数据类型复杂等特点，因此，首先要解决的是现场决策信息的选择问题。本章基于历史经典事故案例分析，提出基于扎根理论和解释结构模型的重大灾害事故现场多层级决策信息图，实现决策信息的客观性筛选。针对现场信息具有时效性、不确定性、复杂性等特点，为解决传统云计算当中数据处理、传输、显示时间延迟等问题，建立了边缘终端数据处理模型，优化了边缘终端数据调用、存储算法。利用本体理论构建了灾害现场决策信息模型，建立了信息与数据的关联，同时，通过标注边缘终端采集的异构数据，解决了多源信息的标签和碎片信息的整理问题，可为重大灾害事故动态情景推演提供基础数据。

第一节
重大灾害事故现场多源信息层级分析

针对灾害现场信息冗杂的问题，本节基于扎根理论和解释结构模型对灾害现场多层级数据进行分析，确定不同指挥层级的信息采集类型，为后续灾害现场异构信息融合打下基础。

一、现场多源信息优化选取

为迅速响应事故，第一时间消除影响，消防救援队伍到场后对事故现场不同来源信息的快速采集、筛选、处理显得尤为重要。然而大量事故案例表明，现场信息的复杂性、多源性和不稳定性往往会严重干扰救援指挥人员的决策判断。本节为了解决突发重大灾害事故应急决策过程中存在的现场信息冗杂问题，提出了一种基于扎根理论的多源决策信息筛选方法。

（一）优化选取方法

在定性研究中，个案研究法、片段分析法、自然探究法都属于较为常见的研究方法。而扎根理论则被视为其中更为高效、科学的一种。扎根理论由美国学者 Glasser 于1967年提出，其特点是无论进行哪个领域的研究都在该领域先建立理论，认为不论哪种研究方式都不能忽视资料分析的重要性。因此，该研究方法更加适用于领域内部理论体系存在空白、实践现象难以科学解释的情况。

不同于一般定性研究先进行资料收集，再统一集中分析资料的做法，扎根理论极度依赖于资料的时效性、完整性和多样性，要求研究者在收集资料的同时，就已经开始了对资料的分析工作，在后续过程中，一边补充资料的完整性和多样性，一边调整分析工作的具体方向或重点，只有将其与案例研究方法紧密联系起来，才可以更好地进行后续的扎根分析，从而得到真实、有效的资料数据。这也对研究者本身全局控制能力和临时应变能力提出了更高的要求。

如今扎根理论已经被频繁应用于多个领域，但应用于灾害事故应急决策领域还较少。这里通过大量收集灾害事故案例资料、深入访谈各类事故现场相关人员以及咨询本领域专家对于信息选取的意见等方法，在悬置"个人前见"的前提下，对灾害事故发生时的影响决策的现场信息进行探索，找出真正影响决策的信息。扎根理论研究流程如图 3.1 所示。

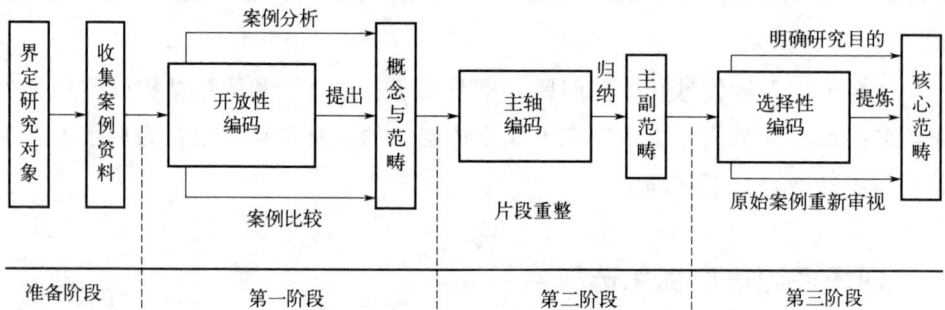

图 3.1　扎根理论研究的一般流程

（二）优化选取原则

灾害决策信息在收集过程中往往无序且庞杂，要系统性地构建出一个实用性强的分类体系，首先要明确关键词提取原则，在进行决策信息范畴的选择时，要根据案例内容，将信息按一定的原则和方法进行归类整理，做到研究过程有理可依、有章可循。优化原则既要适应灾害决策信息的特点，又要满足现场救援部门指挥人员的个性需求。决策信息提取原则如下所示：

（1）科学性。灾害决策信息涉及多个环节，现场拥有不同的救援力量时，所要采集的决策信息也有所区别。所以，决策信息提取要严格遵守科学性的原则，根据研究对象客观的、本质的属性和主要特征进行从属关系的划分，并辅以应急救援领域专家意见，制定相应提取原则。

（2）实用性和易用性。灾害决策信息范畴名称的制定应通俗易懂，主副范畴之间应避免出现语义不明或者概念混淆的情况。其专业名称应优先使用救援领域专业用词，避免各指挥单元之间交流出现误会。在灾害决策信息范畴框架明晰后还应该对各范畴进行说明并列举相关案例片段，从而为后续使用者提供参考标准，提高决策信息检索、应用的效率。

（3）可扩展性。在研究过程中，科技也在不断进步发展，不论何种体系都会存在缺漏或更新的空间，在制定范畴时，要考虑这一现象，留出信息空间，为后续补充该领域内的研究范畴提供方法和依据。确保该提取规则的可扩展性。

（4）唯一性原则。由于每个体系中，相同信息类应用名称一致，所以应根据重大灾害事故一般情景专业名称，例如致灾体、承灾体、应急资源、救援行动等内容进行分类。

以上四类原则综合构成了决策信息概念提取的实施原则。在遵循这些原则的前提下，还要通过问卷调查的方式，对基层消防救援队伍的指战员进行数据收集，判断提取后的决策信息与当前基层实践是否一致，并根据调查结果对提取内容进行数据修正。

（三）优化选取流程

（1）案例选取。这里选取了应急管理部消防救援局历年案例研讨班中近10年来具有典型教育意义的重大灾害事故案例材料，主要包括仓储类事故、建筑类事故、交通事故、人员密集场所类事故及石油化工类事故。选择依据在于：一是这5类灾害事故容易造成人员伤亡并产生较大的社会影响。在舆论极度发达的今天，一旦应急部门对事故没有做到及时的分析、决策和处置，灾害进一步发展扩大，社会负面舆论一旦失去控制，政府的公信力会受到很大削弱。二是这5类灾害事故发生后，往往需要多个应急部门联合处置，如果按照以往的信息共享模式，将大量无用信息在各部门之间进行传输，那么必然造成人力和物力的浪费，进而使得应急决策失去了其本来应该具有的及时、快速、准确的特点。三是这5类事故发生后，产生的现场灾害信息复杂程度高、数据总量大、来源范围广、变化速度快、无用信息多。综上所述，首批到场力量不足时，只有总结归纳确实对现场指挥决策有帮助的救援信息才可以最大程度地减少人力资源的浪费，辅助现场救援行动部门在最短时间内准确决策，从而最有效地减缓灾害发展的速度，消除灾害衍生所带来的未知威胁。四是这5类事故状态种类差别大，使所有关键决策信息均在案例中得以体现，确保了决策信息选取的全面性。如果选取单一种类的灾害事故作为研究对象，会导致通过研究选取出的决策信息有失偏颇，失去了针对重大灾害事故研究的意义。

（2）开放编码。开放编码是对原始案例资料中所记录的关键词句、语段或救援人员现场对话进行概念词提取，对历年经典案例进行片段式拆解，根据原则提取其中具体内容信息片段，并加以汇总整理、重新组合。其目的在于明确研究主体、厘清目标概念、总结案例范畴，也就是处理聚敛。编码首先要定义现象，然后挖掘范畴，最后命名范畴。以下为针对"重大灾害事故现场决策信息"分析中部分资料的开放编码内容，部分结果如表3.1所示。

表 3.1　部分资料的开放编码内容

编号	案例名称	案例资料中出现的重要语段（节选）	概念词提取
1	2005.6.24 阳泉市阳煤集团威虎化工有限责任公司炸药库火灾	各级指挥员到场及时、决策正确、科学指挥是这次火灾扑救的关键。诸警种密切配合、协同作战是这次灭火战斗的重要因素。始终坚持以人为本、生命至上的原则，为灭火扫清了障碍	平房结构、炸药分布密集、毗邻居民住宅、周围水源充足、当天温度较高、当地战斗力量不足、易发生连锁爆炸、周围群众疏散难度大、易造成重大人员伤亡、易造成人员中毒、合理调动、紧急出动、实施侦察、果断决策、科学部署灭火力量、围堵强攻、实施灭火、阶段性战斗
……	……	……	……

开放编码的任务就是将复杂的案例信息进行初步的归纳整理，从中提取出在事故发生时或后期总结经验时，指挥人员所提出的概念词信息，为下一步主轴编码时概念词信息范畴化提供资料基础。其原则标准是筛选一定能够真实、准确地辅助应急决策主体完成指挥决策的信息。而且在后续的循环往复整理过程中，之前提取的信息可能会被删除，而某些遗漏的信息也会随着对案例内容理解的增加而重新补充。

（3）主轴编码。经过首次编码分析后，提取出的概念词已经替代了大量的原始资料，研究重点也从资料的精炼转化为分析研究复杂概念词与范畴间的关系和联结。换言之，将概念词转化为范畴是一个案例片段转换为原生数据的过程，该过程促使研究者进一步发掘、整理影响救援行动的决策因素。部分资料的主轴编码内容见表 3.2。

表 3.2　部分资料的主轴编码内容

编号	原始案例中出现的部分代表性语句	副范畴	出现频次
1	2005 年 1 月 18 日 0 时 40 分,北京化二股份有限公司聚氯乙烯装置爆炸起火	灾害发生时间	79
4	成功控制住了火势向西侧的两个储料槽(氯乙烯分别 100 吨)、北侧的配料车间以及南侧控制室的蔓延趋势	临近受威胁建筑	70
5	厂方及时开启加压泵和 1 千立方水池,使水源充足,保持管道内水压较高,消防部队使用工厂室内外消火栓可直接进行扑救	临近自然水源情况	70
29	直接威胁整个厂区及附近的大庆输油管线……乃至整个 40 多万人口的东洲地区安全,情况万分危急	可能造成的破坏	79

主轴译码是为进一步厘清各个概念及其之间的相互关系,通过统计上文中提取出的大量概念词段信息,辅助以对概念间相互关系的思考和分析,把访谈开放编码得到的范畴库与典型案例开放性编码得到的案例库进行合并,总结提炼上一层次主体范畴。

主轴编码还没有实现整体理论架构的生成,而只是要区分"主体范畴"与"副范畴"之间的关系。将各个案例的概念词段归纳总结,再统计其出现频率高的部分,这就得出了"副范畴"。以下为针对"重大灾害事故现场决策信息"分析中部分资料的主轴编码内容,共得出副范畴 30 个,结果如表 3.3 所示。

表 3.3　部分资料的选择编码内容

编号	副范畴	核心范畴
1	灾害发生时间	承灾体信息
2	人员伤亡情况	
3	现场破坏情况	
4	事故原因	致灾体信息
5	事故灾害类型	
6	可能造成的破坏	
7	燃烧物质理化性质	
8	临近受威胁建筑	外部环境
9	临近自然水源情况	
10	现场气象情况	

编号	副范畴	核心范畴
11	兄弟单位协助情况	应急活动
12	医疗部门保障情况	
13	交通部门协助情况	
14	工艺流程	应急技战术
15	现场扑救难点	
16	力量部署分布	
17	现场主要方面	
18	灾害现场通信情况	
19	灾害现场供水情况	
20	人员防护措施	
21	不同阶段战术措施	应急资源
22	现场污染预防	
23	初期救援力量	
24	基础消防设施情况	
25	增援力量情况	
26	救援装备类型	
27	预案及现场装置分布	
28	灭火剂储备情况	
29	专家建议情况	
30	后勤保障情况	

（4）选择编码。在完成副范畴提取工作后，对重大灾害事故决策信息的理解进一步加深，扎根理论进入到选择编码阶段。

选择编码目的是在副范畴基础上提取出研究问题的主体范畴，即系统归纳研究所得的副范畴，分析其之间的关系，综合、系统地生成能够描述该类副范畴的主体范畴。选择编码工作量要小于主轴编码，但需要更为准确的词汇提炼能力。以下为针对"重大灾害事故现场决策信息"分析中部分资料的选择编码内容，共得出"核心范畴"6个，部分结果如表3.3所示。

（四）饱和度检验

按照 ISM 模型要求将总案例的 30%（即 35 个案例）进行理论饱和度检验，未发现存在无法表示的新范畴，认为主范畴已经饱和。饱和度检验案例如图 3.2 所示。

2004.10.6南昌市赣江油轮火灾扑救	2005.8.2蒙牛乳业（马鞍山）有限公司冷库火...	2006.12.4抚顺市同益液化石油气有限公司2号...
2007.3.17青岛冷库火灾	2009.1.31福州拉丁酒吧火灾	2010.4.19四川成都新希望路2号住宅楼火灾--...
2011.5.1通化双龙大厦火灾课件-如家酒店	2012.10.7广西来宾市合山路东一巷平房火灾	2012.11.18小战别-吉林公主岭民房火灾
2013.3.21陕西榆林天效隆鑫化工有限公司-煤...	2013.4.14湖北省襄阳星空网络会所火灾	2013.6.2中石油大连石化公司三苯罐区爆炸火灾
2013.6.3长春宝源丰禽业有限公司-冷库	2013.6.27重庆市大渡口区重庆化工轻工601仓...	2013.11.17河北省唐山市永新造纸厂火灾扑救...
2013.11.27白云区家具公司火灾	2014.6.9山东寿光晨鸣堆垛火灾战评课件-大风	2014.7.9新疆阿克苏库车县天山环保石化有限...
2014.9.3吉林省白山市同利包装纸批发部仓库...	2015.4.6福建漳州古雷-石脑油、轻重整液	2015.5.29广西玉林市玉城街道新民社区民宅...
2015.7.16山东日照石大科技石化有限公司液...	2016.4.16广西防城港渝桂化工有限公司火灾...	2016.8.10泉州台商投资区东园镇厂房车间机...
2016.8.14内蒙古盟蓝多伦化工有限责任公...	2016.10.20海南东方八所港油轮爆炸事故处置...	2017.2.4北京地铁东四站附属用房设备сб间机房...
2017.2.5浙江省台州市天台县足馨堂足浴店火...	2017.5.18福建省莆田市莆水高速冷藏车火灾...	2017.5.31天津滨海新区新南纸业火灾获救战...
2017.6.5山东临沂金誉石化-异辛烷、LPG、硫...	2017.9.8福建莆田高速车辆火灾扑救战例-警戒	2018.3.13浙江绍兴欧华汽车电器有限公司厂...
2018.4.7新疆哈密市国家电网±800千伏天山...	2018.9.19五家渠市枣园西街园艺场保鲜库发...	

图 3.2　饱和度检验案例

二、现场多源信息层级处理

上一节的研究已经初步优化选取出了当重大灾害事故发生时，现场指挥部应该综合采集的 30 种现场灾害信息。但现场实际情况是第一时间到场力量缺乏足够人员和器材装备，在面对冗杂的事故信息时，难以保证初战信息采集的科学性、有效性、优先性，导致初战资源极大程度浪费。因此，利用科学手段分析这 30 种信息间相互影响关系，确定出现场力量不足时，灾害现场采集各类信息的优先级，是多源信息分析的一个重要步骤。

（一）决策信息模型概述

解释结构模型利用领域内成熟的经验与知识，将相邻矩阵间有向逻辑关系计算成可达矩阵，再通过分解可达矩阵，使复杂系统层次化、结构化的静态定性模型。

这里通过分析灾害影响因素之间的相互作用，找出影响指挥决策的关键要素，构建决策信息解释结构模型，以期为预防重大灾害事故造成严重影响提供理论支持和实践指导。

（二）决策信息关联分析

（1）ISM 要素确定。根据表 3.3 的重大灾害事故决策信息选择编码结果可以看出，决策信息构成要素可以划分为 6 个主范畴的 30 个二级要素，分别用 S_1 到 S_{30} 表示，如表 3.4 所示。

表 3.4　决策信息要素清单

要素编号	要素名称	要素编号	要素名称
S_1	灾害发生时间	S_{16}	力量部署分布
S_2	人员伤亡情况	S_{17}	现场主要方面
S_3	现场破坏情况	S_{18}	灾害现场通信情况
S_4	事故原因	S_{19}	灾害现场供水情况
S_5	事故灾害类型	S_{20}	人员防护措施
S_6	可能造成的破坏	S_{21}	不同阶段战术措施
S_7	燃烧物质理化性质	S_{22}	现场污染预防
S_8	临近受威胁建筑	S_{23}	初期救援力量
S_9	临近自然水源情况	S_{24}	基础消防设施情况
S_{10}	现场气象情况	S_{25}	增援力量情况
S_{11}	兄弟单位协助情况	S_{26}	救援装备类型
S_{12}	医疗部门保障情况	S_{27}	预案及现场装置分布
S_{13}	交通部门协助情况	S_{28}	灭火剂储备情况
S_{14}	工艺流程	S_{29}	专家建议情况
S_{15}	现场扑救难点	S_{30}	后勤保障情况

（2）构建邻接矩阵。由于解释结构模型属于定性分析方法，因此，对于要素之间的关系采用二元关系表示，矩阵中的行元素直接影响其对应的列元素，则用 1 表示；行元素不直接影响其对应的列元素，则用 0 表示。根据上述原则，可得到反映重大灾害事故决策信息的邻接矩阵 X，如图 3.3 所示。

（3）计算可达矩阵。矩阵 $Y=(X+I)n$ 称为可达矩阵，用来表示各类信息间的互相影响关系，根据布尔代数运算法则（即 $0+0=0$，$0+1=1$，$1+0=1$，$1+1=1$，$0\times0=0$，$0\times1=0$，$1\times1=1$）中关于幂运算的逻辑要求 $(Y+I)n+1=(Y+I)n\neq(Y+I)n-1$ 来计算可达矩阵。通过 Matlab 进行上述运算，可达矩阵结果如图 3.4 所示。

（三）绘制多层级信息图

（1）可达集与先行集。在可达矩阵中，如果第 S_i 行所有列要素均为 1，则称为可达集，表示为 $R(S_i)$。第 S_i 列中的所有行要素均为 1，则称为先行集，表示为 $A(S_i)$。

当可达集与先行集相交等于可达集时，即 $R(S_i)=R(S_i)\bigcap A(S_i)$ 时，认

$X=$

	S1	S2	S3	S4	S5	S6	S7	S8	S9	S10	S11	S12	S13	S14	S15	S16	S17	S18	S19	S20	S21	S22	S23	S24	S25	S26	S27	S28	S29	S30
S1	0	1	1	0	0	1	0	1	0	0	0	0	0	0	1	0	0	0	0	0	1	0	1	0	1	0	0	0	0	0
S2	0	0	0	0	0	0	0	0	0	0	1	1	1	0	1	1	1	0	0	1	1	0	1	0	1	1	1	0	1	0
S3	0	1	0	0	0	1	0	1	0	0	1	1	1	0	1	1	1	1	1	1	1	1	1	1	1	1	0	0	1	1
S4	0	1	1	0	1	1	1	0	0	0	0	0	0	1	1	1	1	0	0	1	1	1	1	1	1	1	0	1	1	0
S5	0	1	1	1	0	1	1	1	0	0	1	1	1	0	1	1	1	1	1	1	1	1	1	0	1	1	0	0	1	1
S6	0	1	1	0	0	0	0	1	0	0	1	1	1	0	1	1	1	0	0	1	1	1	0	0	1	1	0	0	1	0
S7	0	1	1	0	1	1	0	0	0	0	1	1	0	0	1	1	1	0	0	1	1	1	0	0	1	1	0	1	1	0
S8	0	0	0	0	0	1	0	0	1	0	0	0	0	1	1	1	1	0	0	1	1	1	0	0	1	1	0	1	1	0
S9	0	0	0	0	0	0	0	0	0	0	0	0	0	0	1	0	0	0	1	0	1	1	0	0	0	1	0	1	0	0
S10	0	0	0	1	0	1	1	0	1	0	1	0	1	0	1	1	0	1	1	1	1	1	0	0	1	1	0	0	0	1
S11	0	0	0	0	0	0	0	0	0	0	0	0	0	0	0	1	0	1	1	0	1	1	0	0	1	1	0	1	1	0
S12	0	1	0	0	0	0	0	0	0	0	0	0	0	0	0	0	0	0	0	1	0	1	0	0	0	1	0	0	1	0
S13	0	0	0	0	0	0	0	0	0	0	0	0	0	0	0	0	0	0	1	0	0	0	0	0	1	1	0	0	1	1
S14	0	1	1	1	1	1	1	1	0	0	1	0	0	0	1	1	1	0	1	1	1	1	0	1	1	1	0	0	1	0
S15	0	0	0	0	0	0	0	0	0	0	1	0	0	0	0	1	1	0	1	1	1	1	0	0	1	1	0	1	1	0
S16	0	0	0	0	0	0	1	0	1	0	0	0	0	0	1	0	0	0	1	0	1	0	0	0	1	1	0	0	1	0
S17	0	0	0	0	0	1	0	0	0	0	1	1	1	0	1	1	0	1	1	1	1	1	0	0	1	1	0	0	1	0
S18	0	0	0	0	0	0	0	0	0	0	1	0	0	0	1	1	0	0	0	1	1	1	0	0	0	1	0	0	1	1
S19	0	0	0	0	0	0	0	0	0	0	1	0	1	0	1	1	1	0	0	1	1	0	0	0	1	1	0	1	1	0
S20	0	0	0	0	0	1	0	0	0	0	1	0	0	0	1	1	1	0	0	0	1	1	0	0	1	1	0	0	1	1
S21	0	0	0	0	0	1	0	0	0	0	1	0	1	0	1	1	1	1	1	1	0	1	0	0	1	1	0	1	1	0
S22	0	0	0	0	0	0	1	0	0	0	1	1	1	0	1	1	1	0	0	1	1	0	0	0	1	1	0	1	1	0
S23	0	0	0	0	0	1	0	1	0	0	0	0	0	0	1	0	1	0	1	0	0	0	0	0	1	1	0	0	0	0
S24	0	1	1	0	0	1	0	1	0	0	1	0	0	1	0	0	0	1	1	0	1	1	0	0	1	1	1	1	1	0
S25	0	0	0	0	0	1	0	0	0	0	1	0	1	0	1	1	1	1	1	0	1	0	0	0	0	1	0	1	1	1
S26	0	0	0	0	0	1	0	0	0	0	1	1	1	0	1	1	1	1	1	1	1	1	0	0	1	0	0	0	1	0
S27	0	0	0	0	0	1	0	0	0	0	0	0	0	0	1	1	1	1	1	1	1	1	1	1	1	1	0	1	1	1
S28	0	0	0	0	0	1	0	0	0	0	1	0	1	0	1	1	1	0	1	0	1	0	0	0	1	1	0	0	1	0
S29	0	0	0	0	0	0	0	0	0	0	1	1	1	0	1	0	0	1	1	1	1	1	0	0	1	1	0	1	0	1
S30	0	0	0	0	0	0	0	0	0	0	1	1	1	0	0	0	0	1	1	1	0	0	0	0	0	0	0	0	1	0

图 3.3　邻接矩阵

$X=$

	S1	S2	S3	S4	S5	S6	S7	S8	S9	S10	S11	S12	S13	S14	S15	S16	S17	S18	S19	S20	S21	S22	S23	S24	S25	S26	S27	S28	S29	S30
S1	0	1	1	0	0	1	0	1	0	0	0	0	0	0	1	0	0	0	0	0	1	0	1	0	1	0	0	0	0	0
S2	0	0	0	0	0	0	0	0	0	0	1	1	1	0	1	1	1	0	0	1	1	0	1	0	1	1	1	0	1	0
S3	0	1	0	0	0	1	0	1	0	0	1	1	1	0	1	1	1	1	1	1	1	1	1	1	1	1	0	0	1	1
S4	0	1	1	0	1	1	1	0	0	0	0	0	0	1	1	1	1	0	0	1	1	1	1	1	1	1	0	1	1	0
S5	0	1	1	1	0	1	1	1	0	0	1	1	1	0	1	1	1	1	1	1	1	1	1	0	1	1	0	0	1	1
S6	0	1	1	0	0	0	0	1	0	0	1	1	1	0	1	1	1	0	0	1	1	1	0	0	1	1	0	0	1	0
S7	0	1	1	0	1	1	0	0	0	0	1	1	0	0	1	1	1	0	0	1	1	1	0	0	1	1	0	1	1	0
S8	0	0	0	0	0	1	0	0	1	0	0	0	0	1	1	1	1	0	0	1	1	1	0	0	1	1	0	1	1	0
S9	0	0	0	0	0	0	0	0	0	0	0	0	0	0	1	0	0	0	1	0	1	1	0	0	0	1	0	1	0	0
S10	0	0	0	1	0	1	1	0	1	0	1	0	1	0	1	1	0	1	1	1	1	1	0	0	1	1	0	0	0	1
S11	0	0	0	0	0	0	0	0	0	0	0	0	0	0	0	1	0	1	1	0	1	1	0	0	1	1	0	1	1	0
S12	0	1	0	0	0	0	0	0	0	0	0	0	0	0	0	0	0	0	0	1	0	1	0	0	0	1	0	0	1	0
S13	0	0	0	0	0	0	0	0	0	0	0	0	0	0	0	0	0	0	1	0	0	0	0	0	1	1	0	0	1	1
S14	0	1	1	1	1	1	1	1	0	0	1	0	0	0	1	1	1	0	1	1	1	1	0	1	1	1	0	0	1	0
S15	0	0	0	0	0	0	0	0	0	0	1	0	0	0	0	1	1	0	1	1	1	1	0	0	1	1	0	1	1	0
S16	0	0	0	0	0	0	1	0	1	0	0	0	0	0	1	0	0	0	1	0	1	0	0	0	1	1	0	0	1	0
S17	0	0	0	0	0	1	0	0	0	0	1	1	1	0	1	1	0	1	1	1	1	1	0	0	1	1	0	0	1	0
S18	0	0	0	0	0	0	0	0	0	0	1	0	0	0	1	1	0	0	0	1	1	1	0	0	0	1	0	0	1	1
S19	0	0	0	0	0	0	0	0	0	0	1	0	1	0	1	1	1	0	0	1	1	0	0	0	1	1	0	1	1	0
S20	0	0	0	0	0	1	0	0	0	0	1	0	0	0	1	1	1	0	0	0	1	1	0	0	1	1	0	0	1	1
S21	0	0	0	0	0	1	0	0	0	0	1	0	1	0	1	1	1	1	1	1	0	1	0	0	1	1	0	1	1	0
S22	0	0	0	0	0	0	1	0	0	0	1	1	1	0	1	1	1	0	0	1	1	0	0	0	1	1	0	1	1	0
S23	0	0	0	0	0	1	0	1	0	0	0	0	0	0	1	0	1	0	1	0	0	0	0	0	1	1	0	0	0	0
S24	0	1	1	0	0	1	0	1	0	0	1	0	0	1	0	0	0	1	1	0	1	1	0	0	1	1	1	1	1	0
S25	0	0	0	0	0	1	0	0	0	0	1	0	1	0	1	1	1	1	1	0	1	0	0	0	0	1	0	1	1	1
S26	0	0	0	0	0	1	0	0	0	0	1	1	1	0	1	1	1	1	1	1	1	1	0	0	1	0	0	0	1	0
S27	0	0	0	0	0	1	0	0	0	0	0	0	0	0	1	1	1	1	1	1	1	1	1	1	1	1	0	1	1	1
S28	0	0	0	0	0	1	0	0	0	0	1	0	1	0	1	1	1	0	1	0	1	0	0	0	1	1	0	0	1	0
S29	0	0	0	0	0	0	0	0	0	0	1	1	1	0	1	0	0	1	1	1	1	1	0	0	1	1	0	1	0	1
S30	0	0	0	0	0	0	0	0	0	0	1	1	1	0	0	0	0	1	1	1	0	0	0	0	0	0	0	0	1	0

图 3.4　可达矩阵

为该 S_i 为首层要素，可从可达矩阵中将其行与列删除，按照此规则进行挑选，得出首层要素集为 $\{S_1, S_2, S_3, S_4, S_{23}, S_{24}, S_{26}\}$，以 S_2 为例，示例见表 3.5。

根据上述方法确定第二层要素集为 $\{S_5,S_7,S_{17},S_{21},S_{25},S_{27}\}$。

第三层要素集为 $\{S_6,S_8,S_{15},S_{16},S_{18},S_{19},S_{22}\}$。

第四层要素集为 $\{S_9,S_{10},S_{11},S_{12},S_{13},S_{14},S_{20},S_{28},S_{29},S_{30}\}$。

（2）问卷验证。在利用扎根理论和 ISM 解释结构模型进行案例信息优化选取后，由于其仅限于对数据的分析，在后续研究中，这里还通过问卷调查形式对基层消防救援队伍进行调研，将得到的结果与之前研究结果进行结合，确保选择决策信息时科学、严谨。

表 3.5　可达集与先行集示例

i	$R(S_i)$	$A(S_i)$	$R \cap A$
1	……	……	……
2	1,2,3,4,11,12,13,15,16,17,20,21,23,24,26,27,29	1,2,3,4,5,6,7,8,9,10,11,12,13,14,15,16,17,18,19,20,21,22,23,24,25,26,27,28,29,30	1,2,3,4,11,12,13,15,16,17,20,21,23,24,26,27,29
3	……	……	……
4	……	……	……

通过问卷星进行问卷调查，题目为："你认为重大灾害事故发生后应急决策第一时间需要哪些信息？"。问卷调查结果如图 3.5 所示。

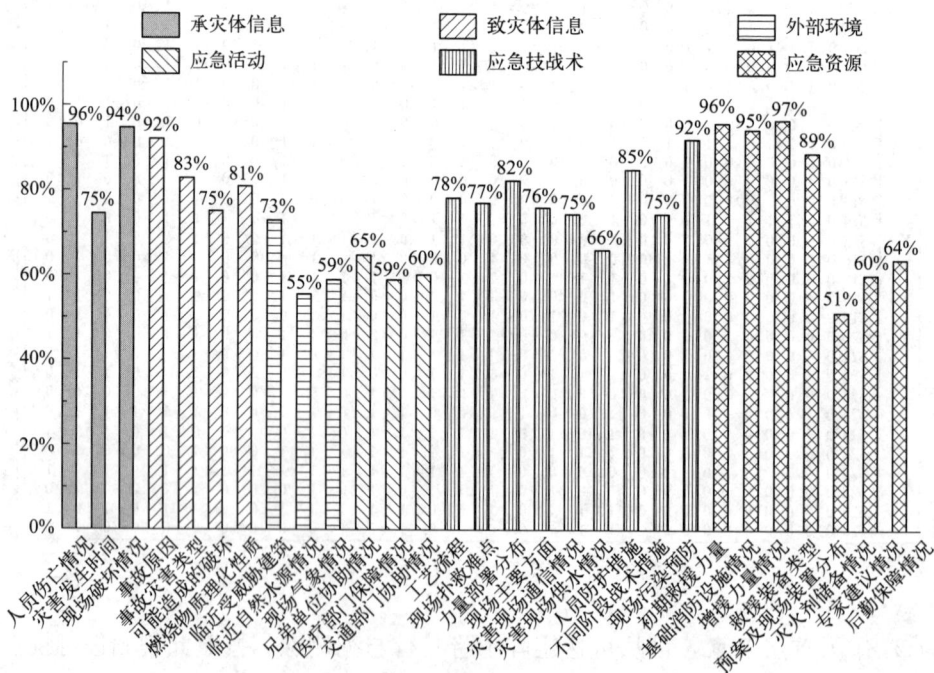

图 3.5　问卷调查柱状图

（3）绘制决策信息图。经过问卷调查佐证，解释结构模型分析出的决策信息优先采集层级与基层消防救援队伍指挥员所选择的基本一致，按原定四层元素集绘制层级图 3.6。即在救援行动中，当到场救援力量有限时，应按照从下到上的顺序，依次采集相关信息，从而保证信息采集的实时性和有效性。

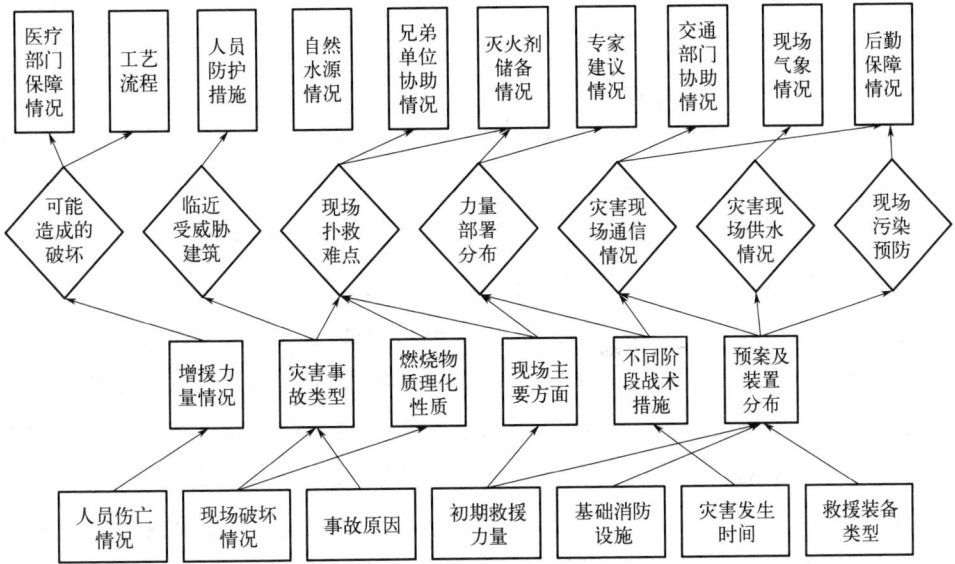

图 3.6　决策信息层级图

三、现场多源信息层级解析

由于重大灾害事故涉及领域广泛，各灾害类型信息系统之间的信息交互、灾害关联性比较强，围绕特定发生的灾害事故，其信息来源的渠道多种多样，现场应急救援在面对繁多而复杂的信息流时往往会不知从何处下手。科学高效的决策信息多层级划分能够准确地描述信息资源的内容、格式与存储，对于信息查询、检索和交换共享、分析应用具有巨大帮助。

本节利用前期研究结果，对上文得出的决策信息层级图进行详细解释，并对其特征进行介绍。

（一）多源信息层级介绍

（1）首批到场层。主要是指首批救援力量到场后，第一时间需要收集的灾害发生时影响并改变着该区域所产生的信息，其由人、各种建筑物、社会经济因素和各种工矿商贸、生命线系统等关键设施构成，通常是应急救援力量到场后需要第一时间进行信息采集的内容，例如灾害发生时间、灾害发生地点，灾害现场人员伤亡情况以及现场因灾害而受到的破坏情况等。

（2）二次调派层。一旦重大灾害事故发生后，仅仅依靠首批到场力量消灭灾害往往是不现实的，指挥中心在派出首批救援力量后，针对可能发生的衍生灾害，必然会调派周边地区救援队伍赶赴现场，防止出现灾害发展过快而救援力量不足的问题。

火灾发生必定有其起因，在完成现场灾害情况侦察后，应该根据补充的救援力量对第二层级的信息进行采集，是什么原因导致灾害发生，发生灾害的类型是什么，如果由于某些物质导致火灾发生，那么物质的理化性质又是什么，其处置不当会产生什么样的次生灾害。这些都是应急救援队伍在行动前要清楚掌握的灾情信息，如若盲目行动，往往会产生无法估计的严重后果。

（3）后续增援层。知己知彼方能百战不殆，面对不同类型的灾害，所需要的救援力量当然也不尽相同，而力量调集总是需要时间的，针对性地请求专业性人员及装备到场增援，提前储备或调集足够数量的灭火剂等都能够一定程度地减少灾害带来的不确定性，保证救援行动的顺利进行。

在初步掌握了现场致灾体、承灾体信息后，应急救援力量要考虑处置灾害所需要确定的战术信息，例如化工类灾害必备的工艺流程，各类灾害都要确定出现场主要方面和扑救难点，确定救人与减灾的关系。同时现场力量部署的实时调整、各救援单元沟通是否方便、现场水源供给情况，人员防护措施，不同阶段的战术选择和调整，现场是否存在污染可能，存在又该如何预防，这些都是救援指挥部完成决策时必须要依靠的信息。

（4）全勤指挥层。重大灾害事故现场的指挥决策尤为重要，支队级别的救援指挥官在面对复杂灾害情况时，其指挥能力、指挥经验难以胜任，因此需要更高一级的全勤指挥部到场，综合整体灾害信息进行决策制定、指令下达。

此层信息主要是指影响应急救援行动进行的周边环境信息，无论是内部救援还是外围控制，天气情况都显得尤为重要，不同的风向、风力、气温、气象都在一定程度上影响着救援方案的制定。当城市管网设施无法提供足够的水源时，寻找最近的自然水源，合理选择科学的供水方式就成了行动中的重要环节之一。同时，当灾害危及到周围建筑物或罐体时，合理分配力量进行人员疏散或降温冷却也是在下定救援决心时必要考虑的一环。除应急管理部消防救援力量以外，其他政府职能部门的协助情况也尤为重要。当灾害发生时，多数灾害往往需要多个部门联合协作处理，如医疗救护部门、交通管理部门、专业技术部门、军事力量等都在灾害处置时发挥着举足轻重的作用，详情见表3.6。

表 3.6 指挥层级责任表

指挥层级	指挥主体	采集信息种类
首批到场层	站级正职	人员伤亡、现场破坏、事故原因、力量编成、消防设施、后续力量、装备类型
二次调派层	大队级正职	灾害发生时间、灾害类型、燃烧物理化性质、现场主要方面、阶段战术措施、预案装置分布
后续增援层	支队级正职	可能造成破坏、受威胁建筑、现场扑救难点、力量部署分布、现场通信情况、现场供水情况、现场污染预防
全勤指挥层	总队级正职	医疗、交通、其他单位保障情况、工艺流程、人员防护、自然水源、灭火剂储备、专家建议、气象情况、后勤保障情况

（二）现场多源信息特征

重大灾害事故的特殊性导致其决策信息与一般信息有着本质的区别，这些区别对后续信息分类研究产生至关重要的影响，通过分析其区别，得到主要特征包括以下几点：

（1）时效性：重大灾害事故一旦发生，时间就是生命，只有在最短的时间内，将准确的灾害信息传输到相关的指挥单元处，才能够发挥信息本身最大的作用。但关键是，灾害信息不同于一般信息，具有时效性，一旦在信息的生命周期之内，不能及时传达，就会导致信息失效，从而影响指挥部门决策制定。同时，灾害信息还随着灾害的发展而时刻变化，因此，在进行信息采集时要做到准确、无误；在进行信息分类时，要充分考虑实时信息与不变信息之间的区分，从而更好地发挥灾害信息的应急效能。

（2）不确定性：灾害发生后信息量必然激增，由于灾情发展蔓延情况受多因素条件影响，灾害信息也需要实时更新，但信息来源途径广、信息类型多，其专业人员在使用前还需要对其可靠性进行鉴别，且在信息传递过程中，由于传播者的非专业性，往往会出现灾害信息失真的情况，尤其在某些大型灾害现场，通信及其他传输方式受阻，使信息的传播比平时要滞后，这也进一步增加了灾害信息的不确定性。

（3）复杂性：灾害信息来源广泛，政府职能部门、应急管理部门、民间志愿组织、互联网媒体等多个渠道都有可能传播灾害信息，但由于信息处理的不规范性及恶意造谣人员的出现，导致收集到的信息十分复杂，同一信息由不同单位采集、处理后呈现不同的格式类型，导致救援部门进行信息分析时难度进一步加大。异构的信息还需要不同的数据库进行存储与调用，这也对救援人员进行信息的分类与处理提出了更高的要求。

第二节
重大灾害事故现场多源信息处理

一、边缘计算概述

早在 20 年前，边缘计算就以 CDN（内容分发网络）的形式出现在人们的视线中，其主要业务形态是内容存储和网络分发，并没有对计算有特别的要求，然而随着大数据的暴发和物联网的广泛应用，边缘的内涵和外延开始不断拓展，场景也不断扩大，特别是工业互联网的到来，网络边缘已经延伸到人们的衣食住行各方面，智慧城市、智慧家居和智慧工厂等多种边缘场景层出不穷。"云-端"架构在网络类型和带宽、数据实时、安全可控等方面已经不能满足要求，高稳定、高效能、大带宽和低时延将会是整个边缘计算的基本需求。以计算为核心内涵的边缘计算作为一个独立的概念在最近几年被正式提出并得到广泛响应与应用，通过边缘计算，把云和端联系起来，把云计算服务延伸至边缘，实现计算的本地化、边缘化。

边缘计算是一个较为广泛的概念，各个权威互联网企业对其的定义都不尽相同，但其本质与共性却是统一的，即在靠近数据源的网络边缘某处就近提供服务。

（一）边缘计算的基本结构

如图 3.7 所示，基于"云-边-端"协同的边缘计算基本架构，由四层功能结构组成：边缘基础设施、边缘计算中心、边缘网络和边缘设备。

核心基础设施主要负责应急救援网络与互联网的数据互联以及移动终端的集中式管理等功能。

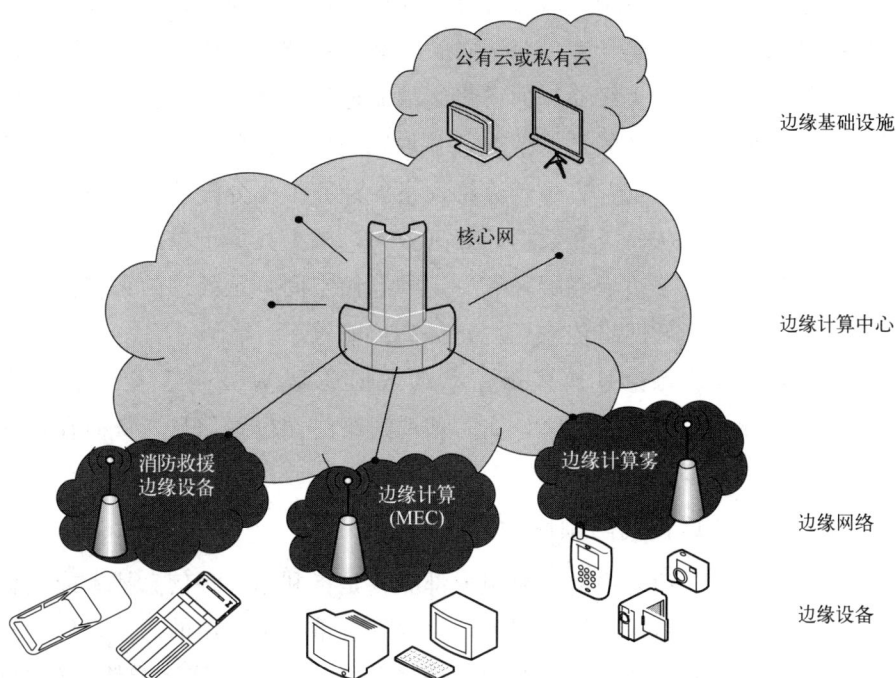

图 3.7　边缘计算流程

边缘计算中心又称边缘云，主要为边缘终端提供数据预处理、临时存储、数据调用等服务，是整个边缘计算的核心构成之一。多个边缘终端分布式部署，各自运行又互相协助，并与云端服务器进行选择性数据交互。

边缘网络是整个边缘计算过程中的动脉，数据将像血液一样通向边缘设备、边缘服务器和核心设施，通过联合多种通信手段的方式来实现物联网与传感器之间的数据互联。

边缘设备作为数据生产者参与边缘计算，摄像头、传感器、车辆、人员、装备等都可作为边缘数据采集设备为计算中心提供数据支撑。

（二）边缘计算的特点和属性

（1）连接性。边缘计算是以连接性为基础的。边缘终端、边缘服务器、大数据中心等设备之间的连接都要求边缘计算具有丰富的连接功能，才能应对内部生态的多样性和复杂性。

（2）数据入口。边缘计算过程中会出现海量、异构、多源的数据，基于时间节点或灾情演变过程进行灾害数据管理或时间融合是数据预处理的关键所在。

（3）分布性。边缘终端天然具有分布性特点，要实现分布式资源的横、纵向传输与管理，要求边缘计算具备分布式计算与存储的功能。

（4）邻近性。由于边缘计算的采集终端靠近信息侧，因此边缘计算能够第一时间快速捕捉附近灾区的具体情况，并加以处理、分析、应用。

（5）低时延、大带宽。边缘计算将大量的计算工作分配给以边缘终端为计算主体的边缘设备，从而提高数据预处理效率，减少数据传输的体积，降低实时数据时延。同时由于边缘终端具有一定的存储空间，预处理的灾害数据可临时存储于边缘侧，降低网络传输压力，提高传输效率。

（6）位置感知。无论是连接蜂窝移动数据还是 Wi-Fi，只要存在网络连接，边缘终端都能进行数据共享，实时获取边缘终端位置信息，从而在指挥中心电子地图上进行可视化展示。

（三）边缘计算在消防领域中的应用

边缘计算是智慧消防中的重要组成部分，是指利用各种信息技术或创新理念，集成消防工作的组成系统和服务，以提升决策信息利用的效率，创新防火检查和应急救援全新工作模式。在智慧消防领域，边缘云计算能够提供快速、准确的海量数据处理能力，帮助现场指挥人员及时做出正确、科学的指挥决策。边缘计算整体架构如图 3.8 所示，分为数据层、存储层和可视层。

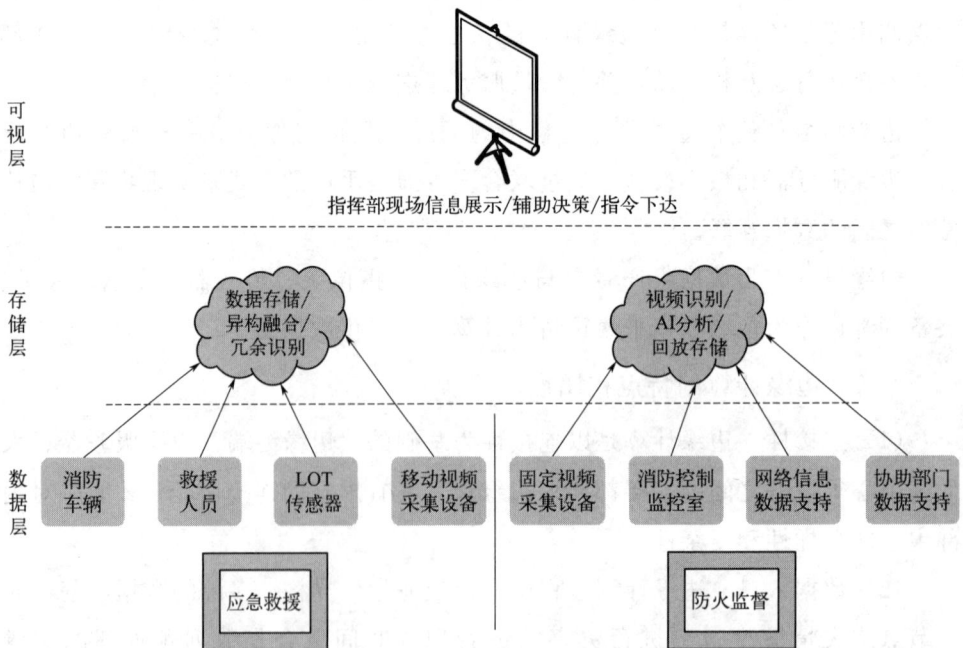

图 3.8　边缘计算在智慧消防中的应用

（1）数据层：通过边缘计算节点，将现场产生的多源异构信息进行收集，通过在不同设备上设置与之匹配的算法，将采集信息进行预处理，压缩传输体积，提高传输速度，发挥灾害数据时效性特点。

（2）存储层：将经简单预处理的灾情信息上传至存储层，在此层中，针对数据异构化问题进行进一步的分析，将文本、声音、图像、视频等多种非结构数据统一数据格式，并将当前网络发展存在的冗杂、造假数据利用终端设备对比分析手段进行筛选，保证数据的真实、可靠、统一和及时应用。

（3）可视层：上一层传输的信息，已经经过了深度分析，并在此层汇总、展示。通过大屏幕直观地展示给应急救援现场总指挥部，从而为现场指挥员提供精细化、准确化的直观数据支持，辅助指挥员制定应急决策。

二、现场异构数据统一管理

在上一节对多源信息分析的基础上，利用边缘计算的思想，对筛选出的决策信息进行针对性的边缘终端设备一对一规划，共选出了 6 大类终端设备组，并介绍每一类终端设备数据采集方法，确定了在边缘节点上各类信息预处理、调用、存储的应用方法。

（一）边缘设备数据采集处理

（1）消防救援车辆。

① 采集信息类型。火害现场供水情况、初期救援力量、增援力量情况、救援装备类型。

② 采集方法。

a. 初期救援力量和增援力量情况的信息采集要依靠移动测量系统来实现。通过在车辆上安装 GPS 定位系统、电荷耦合器件（Charge Coupled Device，CCD）、惯性导航系统（Inertial Navigation System，INS）等传感器和设备，使车辆在行驶过程中连续收集道路数据及环境地理信息数据，然后将数据存储在随行车辆的车载计算机系统中，通过 GIS（地理信息系统）对车辆进行定位，将每辆消防车实时行进路线以及预计到达灾害现场所需时间上传。

b. 灾害现场供水情况需要在车辆上安装监测车载水泵流量以及储罐实时水量的传感器和计算芯片来获得。当车辆到场后开始供水时，传感器自动监测实时出水流量以及储水量，并根据相关公式在车辆端芯片中进行简单的数据计算，将计算完成的供水情况数据实时上传。

c. 救援装备类型依据车辆类型进行确定，在应急救援指挥云平台中，关于不同型号车辆所搭载的装备类型已经固定，当车辆被调集至灾害现场时，默认搭载固定数量的救援装备，一旦车辆到场，车辆所搭载的无线传输设备向指挥部传输到场信息，该车所搭载的救援装备自动划入现场指挥部装备数据库中，保证随时根据指挥部命令进行调度。

③ 数据处理技术。车辆供水情况公式为当无外接水源为车辆供水时，按照公式(3.1)进行计算：

$$T = \frac{M}{N} \tag{3.1}$$

式中　T——车辆可持续供水时间，s；

　　　M——车辆实际储水量，L；

　　　N——车辆出水流量，L/s。

当有外接水源时，按照公式(3.2)进行计算：

$$T = \frac{M}{N_{实} - N_{供}} \tag{3.2}$$

式中　T——车辆可持续供水时间，s（若供水流量大于或等于实际出水流量时，可持续供水时间默认为无限大）；

　　　M——车辆实际储水量，L；

　　　$N_{实}$——车辆实际出水流量，L/s；

　　　$N_{供}$——外接水源供水流量，L/s。

（2）消防救援人员。

① 采集信息类型。人员伤亡情况、现场破坏情况、力量部署分布、初期救援力量、增援力量情况、救援装备情况。

② 采集方法。在边缘计算中，人通常也被看作是一个独立的边缘节点。当应急救援行动进行时，消防救援人员在行动中不仅扮演着救援者的角色，同时也担负着数据收集、整理上传和错误数据判断的任务。当灾害发生时，救援人员通过手机 APP、微信、单兵数据图传设备、手持对讲机等手段，向上级指挥单元汇报现场情况。随救援人员穿着的体征测试装备会自动记录救援人员行动时间、逃生装备剩余气量等信息，在某项低于平均值时自动发出报警信号。

③ 数据处理技术。在应急救援现场，环境条件非常复杂，影响人员定位

的因素很多，在较大的场景中，运用一般定位算法无法解决精确度问题。部分技术对人员行进轨迹要求过高，在灭火救援行动中，消防员的行动轨迹随着灾害情况变化而改变。在诸多技术中，使用"MEMS惯导＋蓝牙"融合定位技术，可以有效实现两者技术特点互补，就算面对复杂的室内环境时，蓝牙布设方便、灵活廉价等优势，也可以轻松定位。

同时结合人体信息采集模块，将体征探测传感器、芯片嵌入技术以及通信网络相结合，对救援人员的心率、体温、血压等生命体征进行监测，并设置正常对比值，当生命体态出现异常时，自动向指挥部发出报警信息，达到采集数据的同时，保护救援人员生命安全。

（3）移动智能监控设备。

① 采集信息类型。人员伤亡情况、现场破坏情况、临近受威胁建筑、临近自然水源情况、现场扑救难点、力量部署分布、事故灾害类型、可能造成的破坏。

② 采集方法。传统的地面通信设施虽有覆盖面广等优势，但是在复杂地形的灾害现场，人员无法进入到灾害中心去采集事故信息，利用智能移动设备远程遥控进行侦察、现场图像采集是最为安全可靠的方式。针对不同建筑类型、气象条件、通信手段，科学地进行移动终端设备的搭配可以高效地采集现场信息，辅助现场指挥部做出正确决策。

③ 数据处理技术。

a. 气体分析模块，利用定电位电解、紫外、红外光谱等相关技术原理，将便携式的设备安装在移动终端上，在环境突发事件应急监测时，此类设备不须现场校准就能给出实时连续数据。

b. 建模测绘模块，通常应用于无人机上，航飞手通过无线设备对无人机进行操控。无人机利用远程操控技术、遥测遥感技术、GPS差分定位技术和应用遥感技术等来获取灾害现场实时图像，具有较高的监测效率，将监测数据及时上传至信息系统，利用图像识别技术对灾害现场图片进行智能识别，筛选区分所采集的图片，提高灾害信息处理速度。

c. 火焰识别模块，利用神经网络智能学习技术，对灾害现场采集的火焰类图片进行智能筛选，选择其中能够真实反映灾害现场情况的图片信息。基于图像特征的火焰识别方法主要分为火焰静态特征识别和动态特征识别。火焰静态特征主要有边缘、颜色、空间信息等；火焰动态特征包括帧差、光流等。

（4）固定消防设施。

① 采集信息类型。人员伤亡情况、现场破坏情况、临近受威胁建筑、临近自然水源情况、现场扑救难点、力量部署分布、事故灾害类型、可能造成的破坏。

② 采集方法。利用物联网相关技术，通过消防监督物联感知网络实现对消防控制室、烟感探测仪、水位压力监测设备等不同消防设施状态的监管，实现重点部位视频信息的获取和部分消防设施的远程监控，落实对单位消防的安全数据感知，在设备出现异常的情况下，强制启动并报警。系统预先在联网单位的平面图上标注与显示消控设备设施，管理平台接收报警信息后，可以点击平面图查看报警点位置信息。当前端传感器发出报警或出现故障时，可将已采集数据上传到平台，以达到发现漏洞及时处置的目的。

③ 数据处理技术。前端监测设备主要负责自动采集物联感知数据，并进行处理、传送至数据中心。通信系统采用移动 GPRS 或 NB-IoT/4G 等模式将自动报警系统、消防水系统、电气火灾系统、烟雾报警系统等进行远程实时监测和有效控制。数据中心负责接收来自监测站点的数据，对数据包进行解析、关联、整合、汇总分析，并通过 Web 端口、移动手机 APP、微信公众号等终端融合展现，智慧消防物联感知监测系统拓扑结构如图 3.9 所示。

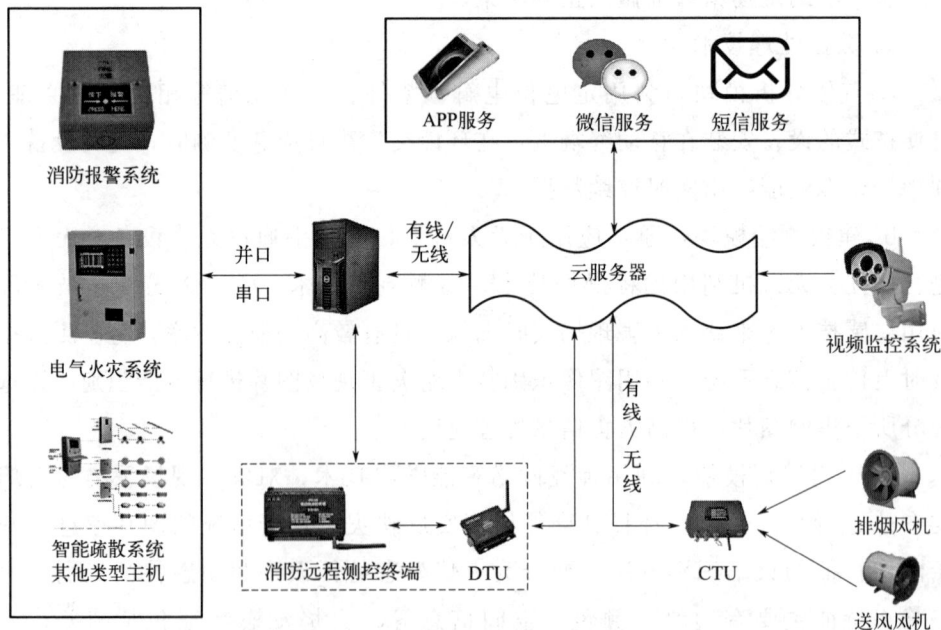

图 3.9　智慧消防物联感知监测系统拓扑结构

（5）消防综合信息管理平台。

① 采集信息类型。临近自然水源情况、现场气象情况、兄弟单位协助情况、医疗部门保障情况、交通部门协助情况、工业流程、专家建议、燃烧物质理化性质。

② 采集方法。应急救援部门指挥系统应与政府职能部门进行协商，获取电子政务网络的数据接入许可，实现与各级政府职能部门间的数据互联互通，在发生灾害后，可第一时间针对相应灾害类型调用数据，并请求专业技术力量支援。

（二）灾害数据边缘存储

面对信息化程度不断提高带来的 PB 级海量数据存储需求以及非结构化数据的快速增长，传统的缓存部署模式在容量和性能的扩展上出现了瓶颈。随着边缘计算的快速崛起，移动网络边缘缓存模式逐渐应用于数据存储领域。目前在应急救援网络中，主要有三种地方可以用来部署存储，即指挥云端网络、无线接入网（RAN）和信息采集终端。简称 CDN 存储、基站存储和终端存储。传统的 CDN 节点主要部署在中心网络中，其主要用来降低数据调用方带来的压力，但一般的回程容量已经无法满足不断扩展的灾害数据所带来的极大负担，且解决此问题所需要的成本极为昂贵。相比于将全部灾害数据上传至云数据中心，在基站进行存储可以有效增加数据 I/O 吞吐量，缓解回程链路的拥塞。

同时由于芯片技术的飞速发展，智能设备的存储空间和计算能力大大提高，将内容保存在终端设备也逐渐得以实现。在移动设备进行存储时，用户获取内容的方式增多，不仅可以从上向下垂直获取，也可以横向获取所需数据。与基站存储相比，移动终端存储优势明显，其形成的聚合式存储空间不需要额外成本投入，但是其弊端在于服务的人数具有不同数量级别的差异，与大容量 CDN 节点相比，边缘终端存储空间通常相对较小。

综合上述三种存储方式的优缺点，这里提出一种多源移动网络的协作式边缘存储架构。目的是为增加宏基站覆盖范围内用户可访问的缓存空间大小，从而提高了边缘网络的存储性能。同时边缘存储方法可有效减少数据重复，缓解回程链路的负载情况。

（1）协作式存储架构描述。多级协作式边缘存储架构的内容请求与响应的具体流程如图 3.10 所示：当边缘终端进行数据请求时，终端首先进行内部数据检索，若数据存在则直接调用，其时延为零；若数据不在本地库中，终端将

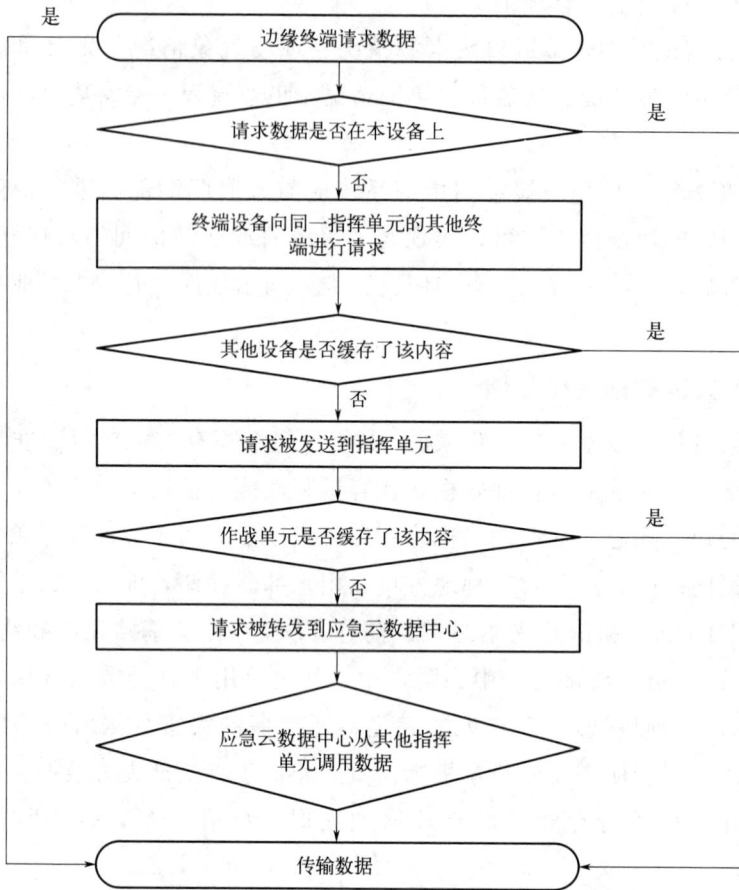

图 3.10　多级协作式边缘存储架构的内容请求与响应的具体流程

向同一指挥单元内的其他终端发送该数据请求；例如当某车指挥员需要调用车辆供水时间时，若调用数据为本车供水时间，则直接调用；若需要调用其他车辆供水时间时，则需要向其他车辆发出数据请求，从而获得数据。

若其他终端没有缓存该数据时，则会将请求发送给所属的作战指挥单元，其在收到数据请求后，会按照同样模式检索数据，检索到则直接服务于该边缘终端，否则会将请求转发给云数据中心，例如当某车指挥员需要获取增援水罐车到场时间时，由于车辆距离较远或通信原因，导致数据传输效率低或无法传输数据，指挥员可通过设备向上一级全勤指挥部（可以是大队级通信指挥车）发送数据请求，全勤指挥部从数据库中调用增援车辆到场所需时间，并向下回复给某车辆。

云数据中心维护了一张内容缓存表，其记录了每个指挥单元的位置和在其上存储的数据内容。数据中心在收到下级指挥单元数据请求后，会从维护的内容缓存表中查找，若存在且存储在数据库中，则直接传给指挥单元；若数据存在其他指挥单元中，则协调该两个指挥单元之间的通信，让其进行数据交互。例如某车指挥员需要调用力量部署时，其首先向所属指挥单元进行数据请求，所属单元搜索数据库若不存在该数据，即将向上级发送请求，云数据中心收集相关数据库，若有则直接传输；若没有则协调另外的指挥单元，建立通信频道，保证两者间的数据交互。

（2）访问时延描述。终端 u 的数据请求会由于数据存储位置的区别做出不同的响应情况，也就导致了响应时延的不同。在 t 时段内，终端 u 的数据请求会按照：

① 己方设备存储，表示为 $C_{u(t)}$；

② 同一指挥单元相邻终端设备存储，表示为 $C_{Us \setminus u(t)}$；

③ 终端所在指挥单元存储，表示为 $C_{bs(t)}$；

④ 云数据中心覆盖范围内的其他指挥单元存储或云数据中心存储，表示为 $C_{B \setminus b(t)}$；

⑤ 源服务的顺序查找，只有当前一个步骤的数据调用未实现时，才会向下一个存储位置发起请求。

根据上述数据访问逻辑规划，这里定义 t 时段内，终端 u 的数据请求响应时延为 $D_{u(t)}$，如公式（3.3）所示：

$$D_{u(t)} = \begin{cases} D_0, & \cdots\cdots\cdots\cdots\cdots r_u(t) \in C_u(t) \\ D_1, & \cdots\cdots\cdots\cdots\cdots r_u(t) \in C_{U^{s \setminus u}}(t) \\ D_2, & \cdots r_u(t) \notin C_{U^s}(t) \wedge r_u(t) \in C_{b^s}(t) \\ D_3, & \cdots r_u(t) \notin C_{U^s}(t) \wedge r_u(t) \notin \in C_{b^s}(t) \wedge r_u(t) \in C_{B \setminus b}(t) \\ D_4, & \cdots\cdots\cdots\cdots\cdots r_u(t) \notin C_{u^s}(t) \wedge r_u(t) \notin C_B(t) \end{cases} \quad (3.3)$$

式中，C_{U^s} 表示该指挥单元 s 覆盖范围内的所有终端设备存储；C_B 表示云数据中心 B 覆盖范围内所有单元存储，并且，$D_0 \leqslant D_1 \leqslant D_2 \leqslant D_3 \leqslant D_4$ 为单调不减的响应时延。此外，根据协作式边缘缓存方案，有 $C_{b^s} \cap C_{B^s} \setminus b = \varnothing$。

综合三种存储方式可以得出，多级协作式架构的边缘终端与指挥单元之间可以进行数据交互；而在非协作式存储架构中，边缘终端和指挥单元数据之间只有纵向数据访问，即按照己方终端缓存、所属指挥单元和云数据中心的顺序进行访问，同级存储之间没有相互的协作性。因此协作式方案所产生的响应时

延 $D_{u(t)}$ 在实际应用时，远小于其余两种方案的响应时延，达到增强数据交互，提高传输速率的目的。

（3）算法实现。在降低响应时延的同时，由于边缘终端存储空间有限，在进行数据存储的过程中还要选择性地更新本地存储的相关灾害数据，这里采用较成熟的 LRU 算法（最近最少使用算法）在不同灾害阶段进行数据更新。LRU 算法是应用较为广泛的数据存储策略之一，LRU 算法的数据更新过程伪代码如表 3.7 所示。

表 3.7　LRU 算法伪代码

Algorithm 1 LRU Cache Update Algorithm
1：UpdateCache
2：IF RequestSize＞CacheSize
3：　Return
4：　END If
5：　IF RequestContent is in the Cache
6：　Move the RequestContent to the top
7：　Return
8：　END If
9：　While True
10：　If RemainingCacheSizeInThisCache＞＝RequestSize
11：　　　　Break
12：　END If
13：　Delete the Oldcontent at the end of cache
14：　RemainingCacheSizeInThisCache＝OldContentSize
15：　If RemainingCacheSizeInThisCache＞＝ RequestSize
16：　　　　Break
17：　END If
18：END while

其中，RequestSize 为终端数据请求规模；CacheSize 为空间存储规模；RequestContent 为请求内容；Cache 为终端存储空间；OldContentSize 为缓存移除规模，RemainingCacheSizeInThisCache 为缓存空间剩余规模。如 LRU 算法描述，如果终端需要的灾情信息已经缓存在本地中，则会被自动调整到首位；如果该灾情信息不在本地，则移除本地存储空间中末尾的内容，直至产生足够的存储空间，来存储新请求的灾害信息。此算法很好地解决了边缘终端存储空间小的问题。

（三）异构灾害数据类型

当灾害数据存储问题得到解决后，边缘终端可以更加快捷地调用数据，但是由于数据格式的不同，相当数量的灾害数据分散存储在各种类型的数据库中，这些数据库缺乏统一有效的管理和共享机制，形成许多信息孤岛，在数据调用时要综合考虑不同类型数据库接入端口。按数据格式可分为以下三类：

（1）结构化数据。结构化数据是表现为二维形式的数据，可以通过固有键值获取相应信息。也就是已经处理过的数据，一般用关系数据库进行表示和存储。主要应用的关系数据库有 Oracle、SQL Server、MySQL 等。例如在应急管理部门按规定格式整理存储的历年案例信息、各类辖区单位处置预案、救援装备、人员力量信息等。

（2）半结构化数据。与结构化数据相同，半结构化数据也有基本固定结构模式，但数据格式不固定，可以是数值型，也可以是文本型或是字典列表型。一般是以日志文件、XML 文档、JSON 文档、电子邮箱等形式出现，例如通过共享端口来与应急管理系统相连接的政府职能部门官方网站信息（安监部门危化品车辆实时管理系统、交管部门交通信息、气象部门监测信息等）。

（3）非结构化数据。非结构化数据没有固定结构，却是应用最为广泛、日常最为常见的数据类型。在灾害事故现场中，非结构化数据主要以现场图像、事故音频、事故视频、传感器数据等方式出现。在数据调用时，由于非结构化数据无法固定存储于某一种数据库中，因此需要考虑利用本体模型库的构建，实现灾害数据有序化表示与存储，便于后续对其索引与调用。

第三节
重大灾害事故现场多源信息重构

要简洁、清晰地描述与表示现场情景，需要将异构数据信息转化为计算机能够处理的元数据。为解决此问题，本节在统一数据管理的基础上，充分利用知识源之间的数据关联性进行概念、关系抽取，将异构数据的知识进行对齐、合并，从而建立多层次的实体关联关系，实现数据在数据库中的标准语义映射，构建重大灾害事故决策信息本体模型。

一、本体概念及作用

（一）本体概述

本体作为知识组织与表示的主要方法，主要应用于计算机、搜索引擎、决策推理等领域，目的是将隐性知识转化为显性知识，也就是实现知识的信息化。从应用的角度看，本体提供了明确定义的知识描述规范，该规范使得某领域内不同系统之间、不同主体之间，可以进行交流，实现互操作和信息共享，其更加注重非结构化信息和表明信息的语义。

灾害领域中，灾害现场情景描述复杂，数据量大，且由于传感器的类型各异，导致数据呈现不同的结构，而应急任务要求高时效性，实体之间的关联关系复杂、多样，是典型的复杂知识结构。通过构建重大灾害事故决策信息本体，可以将各类传感器边缘计算处理过的异构数据，按照本体已构建好的模块进行数据存储和数据调用。

（二）构建流程

如图 3.11 所示，本体构建采用自顶向下和自底向上相结合的方法。

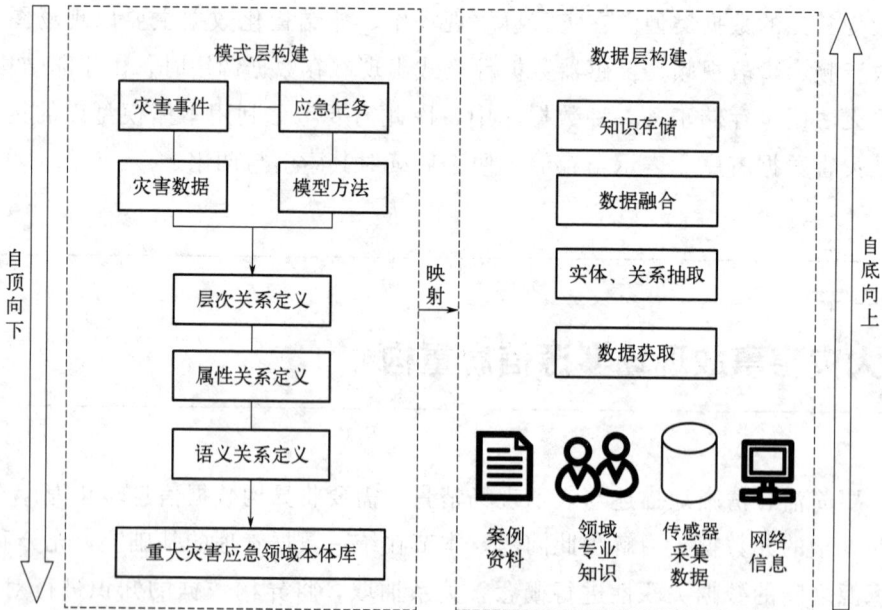

图 3.11 重大灾害事故决策信息本体构建流程

自顶向下构建模式结构，通过本体理论设计重大灾害现场决策信息知识图谱，定义模式图间各内容的上下位关系、从属关系、类属关系、语义关联等，定义准确、结构层次分明的概念框架，形成良好的概念层次知识体系。

自底向上构建数据层，对灾害领域数据、文献或其他泛在文本资源等不同类型知识源设计合适的抽取方法，充分解决多源数据之间的冗余问题，实现结构化、半结构化、非结构化数据的对齐、合并，将灾害事件、灾害应急任务、灾害数据、模型方法的具体实例要素进行分解，映射到相关概念节点当中，从而建立多层次的实体关联关系，实现模式层到数据层的映射，最终生成重大灾害事故决策信息本体模型。

二、本体构建具体步骤

按照本体构建的基本方法，构建重大灾害事故决策信息本体的步骤如下：

（一）制定本体构建目标，区分研究领域界限

该本体所要表达的领域：应急决策信息领域。构建本体的目的：分析多源信息之间的联系，从而将该领域的知识体系建立起来，使信息之间串联更紧密，实现领域内的语义化表达。

（二）确定决策信息领域本体概念

通过上一章的研究，利用扎根理论和 ISM 模型整理了各类灾害案例，提炼出影响现场指挥部应急指挥的决策信息范畴概念 30 个，确定了决策信息领域本体概念基础。

（三）查找以往本体是否可用

通过文献查阅法和书籍资料的阅读可以得出，针对应急救援决策信息领域的概念体系研究还属于空白，大部分资料仍以消防救援、火灾事故、应急决策等宽泛笼统的词汇出现，概念之间关系反映不够具体。

基于上文对消防应急决策信息的分类，抽取了各分类相关知识，重新组合形成新的决策信息本体模型。本研究选用本体构建工具 Protégé 5.5.0 版本对火灾应急本体进行构建，描述语言选择 OWL，概念之间的关系如图 3.12 所示。由于应急决策信息本体中概念较多，图 3.12 中只显示了灾害数据本体模块概念及概念间关系。

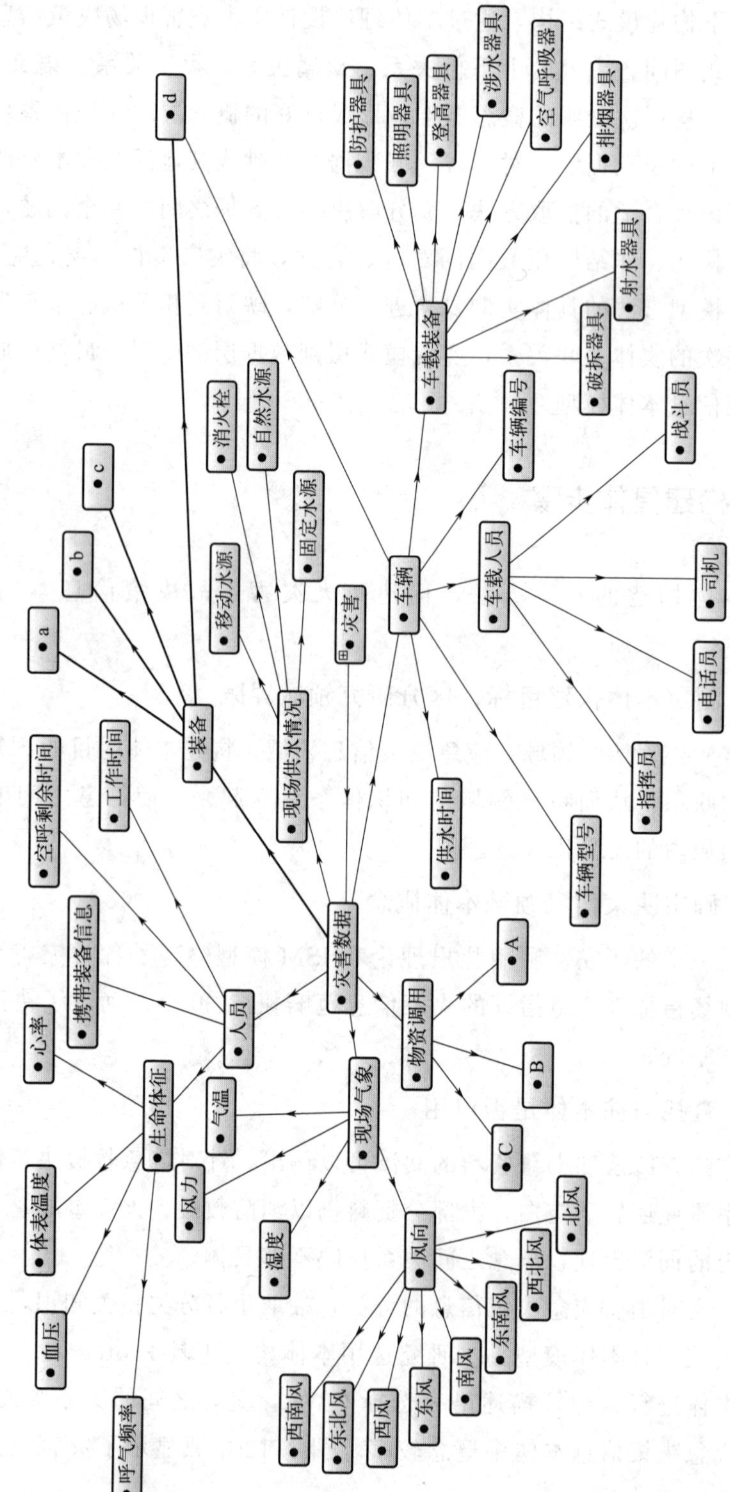

图 3.12 灾害数据本体模块

（1）灾害事件（X）本体模块包括以下几种：

灾害类别（A）：包括一般建筑（A_1）、地下建筑（A_2）、高层建筑（A_3）、大跨度结构建筑（A_4）、仓库火灾（A_5）、罐体火灾（A_6）、化工装置火灾（A_7）、其他（A_8）等。当灾害发生后，确定什么样的灾害是制定应急救援决策的关键，灾害类别的确定带有主观性。

灾害时间节点（B）：包括发生时间（B_1）、发展时间（B_2）、结束时间（B_3）。随着灾害的发展蔓延，实时记录灾害的时间节点无论是对现场灾情分析还是后续案例研讨都有重要意义，现在消防救援队伍配备的移动监控设备都具备计时功能，在设备将采集到的图片、视频等数据选择性处理并传输到指挥中心的同时，时间点作为数据包中的部分内容也同时上传。

灾害发生地点（C）：此信息的采集方式很多，当救援部门接警时，会从报警人处获得灾害发生地点的模糊定位，后续处置力量到场后，同样要进行灾情侦察，利用人员和车辆所携带的 GPS 定位装置，可以自动定位到灾害发生的准确范围，并通过数字地图进行显示。

人员伤亡情况（D）：包括其他人员亡（D_{1a}），伤（D_{1b}），救援人员亡（D_{2a}）、伤（D_{2b}）。

事故原因（E）：包括人为故意（E_1）、人为非故意（E_2）、自然因素（E_3）。现场事故原因普遍被认为用于灾害结束后的事故分析中，但处置灾害时，不同的事故原因对应着不同的处置措施，同时也影响着消防员的自身个人防护，重要性不言而喻。

现场破坏情况（F）：包括倒塌（F_1）、倾斜（F_2）、爆炸（F_3）、起火（F_4）、浓烟（F_5）、灾害面积（F_{1a}）。现场被破坏情况是影响指挥部门决策的重要信息之一，通过固定、移动采集设备，将不同时间段、不同角度、不同类型的现场数据利用图片识别、视频分析、数据监测、遥感成像等边缘技术手段选择性地上传至指挥中心，通过可视化的手段直观地呈现在指挥中心大屏幕上，更加直接地帮助现场指挥人员进行事故决策的制定。

临近建筑受威胁情况（G）：包括距离（G_1）、位置（G_2）、类型（G_3）。类型中又包括蔓延（G_{3a}）、倒塌（G_{3b}）、热辐射（G_{3c}）、爆炸（G_{3d}）。稳定燃烧的受灾体在进行应急救援时往往容易控制，而周围因灾害受到影响，可能发生衍生灾害的受灾体是到场力量不足时，优先考虑冷却控制的战术重点，通过卫星地图、重点单位管理平台等数据进行支撑，可以确定临近建筑发生灾害类型和受威胁程度以及发生衍生灾害后的波及范围，从而做到决策制定时综合考虑现场影响因素。

临近自然水源（H）：位置（H_1）、储水量（H_2）、数量（H_3）。水源也是现场决策时需要考虑的一项内容，在现实救援行动中，固定管网不时会出现老化、损毁、堵塞等问题，导致现场车辆开展灭火行动不到几分钟就失去了水源支撑。

工艺处置流程（I）：通常针对化工装置火灾，在确定工作流程后，根据特性确定堵截位置或做出关阀断料等决定。

燃烧物理化性质（J）：名称（J_1）、可燃温度（J_2）、毒性（J_3）、爆炸危险（J_4）。知己知彼是进行灭火救援行动的前提，只有清楚地掌握现场可燃物的理化性质，才能够根据其特性做出相应的处置措施，如有的燃烧物不能用含水的灭火剂扑救，如果使用错误的灭火剂只会使灾情更加失控。

（2）灾害数据（Y）本体模块包括以下几种：

车辆（K）：车辆编号（K_1）、车辆型号（K_2）、车载装备（K_3）、车载人员（K_4）、供水时间（K_5）。其中，车载装备包括空气呼吸器（K_{3a}）、破拆器具（K_{3b}）、登高器具（K_{3c}）、涉水器具（K_{3d}）、防护器具（K_{3e}）、射水器具（K_{3f}）、照明器具（K_{3g}）、排烟器具（K_{3h}）。车载人员包括指挥员（K_{4a}）、电话员（K_{4b}）、司机（K_{4c}）、战斗员（K_{4d}）。

人员（L）：携带装备信息（L_1）、生命体征（L_2）、工作时间（L_3）、空呼剩余时间（L_4）。其中，生命体征包括呼气频率（L_{2a}）、血压（L_{2b}）、体表温度（L_{2c}）、心率（L_{2d}）。

装备（M）。

现场气象（N）：气温（N_1）、风力（N_2）、风向（N_3）、湿度（N_4）。其中风向包括东风（N_{3a}）、南风（N_{3b}）、西风（N_{3c}）、北风（N_{3d}）、东南风（N_{3e}）、东北风（N_{3f}）、西南风（N_{3g}）、西北风（N_{3h}）。现场气象情况很大程度上会影响战术的选择和装备的配备，例如当风力过大时，登高器具无法正常使用；当逆风进行灭火剂覆盖时，会影响射程或覆盖效果等。

现场供水情况（O）：消火栓（O_1）、固定水源（O_2）、自然水源（O_3）、移动水源（O_4）。

物资调用（P）。

（3）救援任务（Z）本体模块包括以下几种：

现场主要目标确定（Q）：先救人、后灭火（Q_1）、救人与灭火同时进行（Q_2）、灭火为救人创造条件（Q_3）。

现场救援力量分布（R）：车辆（R_1）、人员（R_2）。与前文中车辆和人员的数据采集一致，利用车辆安装或人员佩戴的定位装置进行位置信息采集，并向上传输。

阶段战术措施（T）：灭火（T_1）、冷却（T_2）、排烟（T_3）、堵截（T_4）、紧急断电（T_5）、紧急断气（T_6）、关阀断料（T_7）。

现场救援难点（U）：人员被困（U_1）、烟气过大（U_2）、供水不足（U_3）、力量不够（U_4）、烟气有毒（U_5）、内攻困难（U_6）、冷却无效（U_7）、有爆炸倒塌危险（U_8）。

医疗部门信息（V）：医院位置（V_1）、可接收伤员数量（V_2）、救护车（V_3）、救护人员（V_4）、医疗药品（V_5）。

交管部门信息（W）：道路网络（W_1）、电子地图（W_2）。

兄弟部门信息（W）：市政管网（W_3）、燃气管道（W_4）、国家电网（W_5）、专业技术人员（W_6）、专业技术车辆（W_7）。

三、本体联系说明

确定决策信息领域核心本体框架后，需要根据领域核心概念确定概念间的关系。概念间的关系同样是构建重大灾害事故决策信息本体模型的关键部分。概念间等级关系的确定通常按照高内聚、低耦合的原则，运用层次聚类算法对概念进行初步聚类，同时，结合现有的主题词表，给定概念间的等级关系。由于火灾等突发事件概念间的关系较多，且缺乏成形的主题词表，因此，对火灾概念间的关系进行梳理和逐一确定，并将其核心概念关系 FEO-Relations 定义为 FEO-Relations＝{R(C_1,C_2)C_1,C_2∈FEO-Concepts}，式中，C_1、C_2 表示决策信息本体模型中任意的两个概念，这里将决策信息本体模型中的核心关系分为三大类：约束类关系、具有类关系和动作类关系，具体如表3.8所示。

表 3.8 决策信息本体模型中的核心关系

关系类别	关系名称	说明
约束类关系	父子继承关系	描述子类概念对其父类概念的继承,如灾害事件节点与灾害事件的关系
	整体与部分	描述一个火灾应急概念由其他几个概念组合形成,例如灾害发生事件由发生时间、发展时间、结束时间构成
	属性	表达某个概念是另一个概念的属性,例如东风是风向的属性

关系类别	关系名称	说明
具有类关系	位于	需要 GPS 数据定位,从而在数字地图上显示出的都有"位于"联系。例如车辆位置可在数字地图中查到
	匹配	指子类主题之间同时选择的关系,例如选择救护车的同时也要选择救护人员
	调度	指当灾害发生时,指挥中心做出应急响应时需要调集的人员、物资。例如消防救援力量需要调度人员、车辆、装备、物资
	定位	灾害发生后,灾害发生位置与道路交通、行政管网、电力线路的关系就是定位
	分类	消防救援装备包括:破拆、登高、涉水、防护等多种装备,所以装备与其具体种类就是"分类"关系
	依据	对火灾气象条件分析时,风力、风向、湿度都是其所"依据"的指标
动作类关系	使用	描述火灾应急人员与火灾应急资源之间的使用与被使用关系
	采用	描述灭火行动人员与灭火方式之间的采用关系
	影响	描述火灾环境对燃烧结果的影响关系
	伴随	描述火灾过程与火灾应急过程之间的相互转移关系
	决定	表示一个火灾应急实体是另一个实体的先决条件,包括燃烧要素与燃烧结果决定灭火方式
	造成	表示火灾突发事件与火灾损失之间的关系
	调动	表示火灾应急组织对火灾应急资源的调动关系
	扑灭	描述灭火方式与火灾类型之间的作用关系

第四节
重大灾害事故现场异构数据标注

　　利用本体理论构建了重大灾害事故决策信息本体库,将经过边缘终端设备处理过的多源异构信息存储于本体库中。但要完成现场情景展示,还需要设计数据标注规则来实现所需数据的实时抽取。

一、灾害数据标注类别

　　结构化的数据由固定的格式组成,根据固定的规则可对其进行数据存储、检索及调用，只需要根据固有格式从本体库中进行调用即可。

半结构、非结构数据不同于结构化数据，其数据来源多样、数据类型复杂，数据检索工具在处理这类数据时，无法像结构化数据一样按照标准格式进行调用，所以针对此类数据的研究都是围绕设定不同领域中不同的语义化标注标准开展的。

由于应急救援领域的特殊性，所接触到的数据往往需要实时处理、实时调用，刻板不变的固定语义标注模式难以满足应急救援时效性的需求，因此这里结合应急救援边缘终端设备都是按照应急救援需求设计的现实情况，规定了各类边缘终端设备分析数据后，生成数据的固定格式，从而实现数据快速对接的目的。

各类数据标注流程如图 3.13 所示。

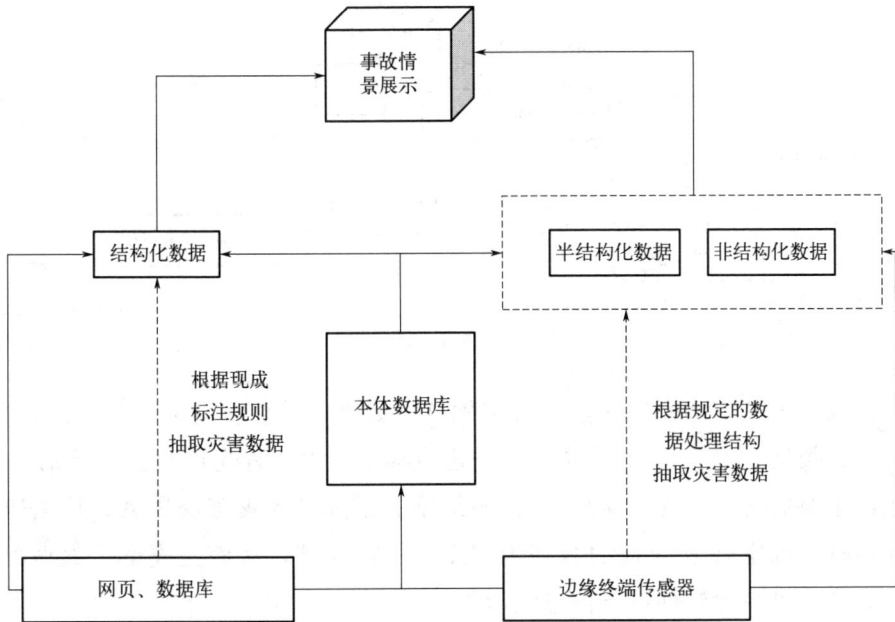

图 3.13　各类数据标注流程

二、灾害数据标注规则

由于结构化数据已有成熟的标注规则，在此不过多赘述。

针对非结构化数据，引入 RDF（资源描述框架）三元组标注模板，设置出与应急救援数据相关联的数据标注规则，进而将两者桥接起来。

建立三元组之间的映射关系是语义关联的核心所在。标准的 RDF 语义由
〈主语，谓语，宾语〉三元组组成。根据 RDF 三元组设定边缘终端数据标注模
式，按照一一对应的关系，映射关系有〈主语—标签，谓语—属性，宾语—数
据〉，通过本体与 RDF 描述的天然映射关系，实现边缘数据与灾害信息本体库
的规范连接，帮助数据检索工具进行灾害信息的实时检索，流程如图 3.14
所示。

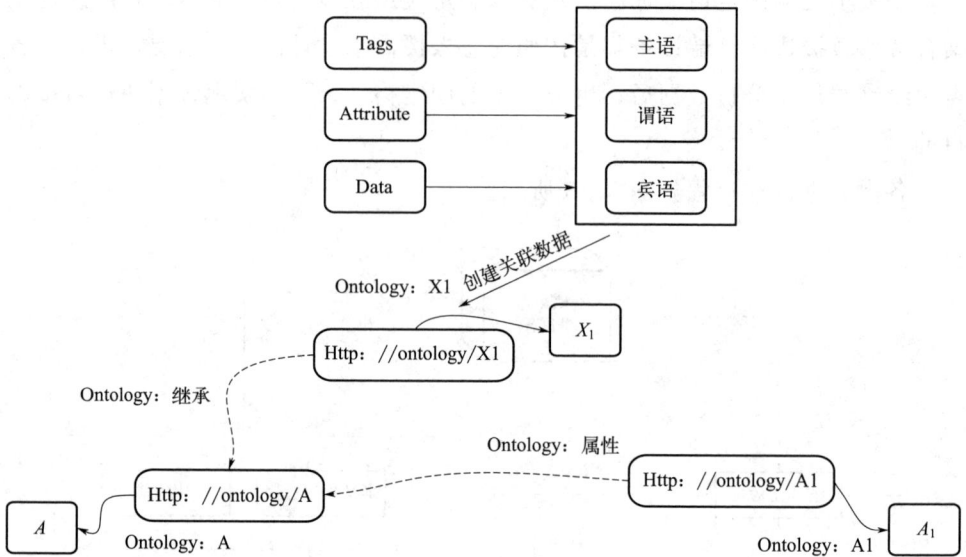

图 3.14　数据检索流程

假设需要从本体库中调取灾害类别这一数据，其对应的 RDF 三元组映射
为〈灾害类别，A，A_1〉。在本体库中进行标签检索，首先检索灾害类别 A 所
属于的上级灾害事件 X，从 X 中按照继承关系选择到灾害类别 A，检索边缘
终端数据，确定 A 所对应的数据为 "A_1—一般建筑"，从而完成整个数据提取
过程，结合可视化软件进行信息展示。

三、灾害数据标注内容

按照上述标注规则，对应急救援非结构化数据进行分类标注内容确定，方
便后续大量信息提取。

（一）文本型数据

文本型数据是应急救援行动中需求量极大的一类数据类型，根据文本数据

特性，将文本数据三元组规定为 $\{Text\_Tags, Text\_Property, Text\_Instance\}$。举例说明，通过固定监控识别出灾害现场破坏情况为起火，经过边缘终端处理后传输到本体库的数据内容为 $\{现场破坏情况，F，F_4\}$。

（二）数值型数据

数值型数据的三元组格式与文本型类似，只不过在最后将文本信息改为数值信息并加以展示。其内容为 $\{Value\_Tags, Value\_Property, Value\_Data\}$，举例说明，灾害时间节点输入时，内容为 $\{灾害时间节点，B_1，2020.12.10$ $10：20\}$。

（三）图像、视频型数据

此类数据特殊性强，当前的图像识别或者视频分析技术还不足以支撑应急救援行动的实时数据需求，因此此类数据的处理方式是将其进行语义标注，当需要调用时，根据标签直接进行图片、视频片段的调用。

第五节
实例验证

基于边缘计算的重大灾害事故现场信息特征分析和应用研究是通过灾害事故决策信息的筛选，确定不同阶段灾害现场需要采集的影响事故发展的信息；在此基础上，以灾害异构数据融合为目标，利用边缘计算技术，分配各类边缘终端进行数据采集的任务，将完成预处理的灾害数据临时存储于边缘终端上，在减少信通带宽占用的同时进行实时数据更新，当需要某一终端上的数据时，可直接进行数据调用；调用后的数据根据预先标注的名称归类到研究生成的情景模型库中，从而形成完整、准确的灾害现场情景，并通过可视化软件辅助展示，实现重大灾害事故现场信息到情景的整体转化，为后续研究中进行事故应急决策提供信息支撑。

一、案例概述

江苏德桥化工仓储有限公司，占地 31.5 万 m^2。共用罐区 14 个，各类储罐 139 个，事故发生当日，公司内存有裂解汽油、石脑油、液化烃、芳烃等危化品 25 余种，共计 21.12 万 t。该公司临近长江航道，北侧间隔 120m 为共 22 个危化品储罐、总储量 52 万 m^3 的联合安能化工有限公司，西侧毗邻丹华港，东侧为敦土路，400m 远处为散落的村庄。

某月 22 日上午 8 时左右，建筑施工单位的 3 名工人于 2 号交换站内违规明火作业。9 时 13 分，2 号交换站排污沟内油体遇明火燃烧，烧裂相邻管线致使大量可燃液体外泄形成流淌火引发了此次事故。此次事故发生后，有 1500 余名消防救援人员、270 余辆消防车被调集投入到处置救援中。历经近 18 个小时的艰苦鏖战，大火于 23 日 3 时 10 分被彻底扑灭。

二、灾害现场信息模型

为验证重大灾害事故现场信息应用的可行性，按照上文研究成果，以事故的主要处置过程为情景发展主线筛选本事故灾害现场信息内容，为后续边缘终端进行信息处理、信息传输及情景表示打下基础。

（一）输油管线爆裂起火 S_1

初始情景 S_1 为输油管线爆裂起火，在事故发生之初，3 名工人进入厂区内部二号交换站检修设备，由于未按要求施工，导致明火作业引燃排污沟油品，正在输送油料的 206 号、305 号罐的管线与连接软管被烧裂，使裂解汽油等物料大量外泄，虽然现场人员紧急关阀切断物料输送进行自救，但火势蔓延速度过快，导致交换站部分管线断裂，大量物料泄漏加剧，火势随之增大并前后发生两次大规模爆炸，此时厂区工作人员不得已报警求助。

9 点 34 分许，辖区新港城专职队及靖江中队到场。但是由于错过了最佳的报警处置时间，二号交换站的火势已经失去控制，流淌火面积达近 $2000m^2$，火焰高达几十米，且管廊已出现部分坍塌，虽然厂区内部固定消防设施完整好用且及时动作，但迅速蔓延的火势开始威胁周围临近罐体。

根据上述内容，得出灾害现场初始情景 S_1 需要采集的信息内容如下：

灾害事件包括：确定灾害类别；实时更新灾害时间节点；明确灾害发生的详细地点及起火点；询问现场是否有人员伤亡或被困；侦察灾害现场装置设施破坏情况，为后续增援力量到场避开危险建筑物做好准备；明确现场可燃物的理化性质，避免由于错误选择灭火剂或不到位的防护措施导致的人员伤亡和灾情扩大。

灾害数据包括：车辆信息，主要是两个中队所拥有的战斗车辆型号、车上所带的人员防护装备及灭火救援装备、车载可用战斗员数量、灭火剂量（水、泡沫），可依托的水源情况，每车出水枪数量等；人员信息，主要是依靠智能穿戴设备采集战斗员实时位置、生命体征（呼吸频率、血压、体温）、工作时间、空呼余气量、携带救援装备等信息；装备信息，主要是防护器具、破拆器具、登高器具、涉水器具、射水器具、照明器具、排烟器具；现场气象信息，主要是温度、湿度、风力、风向、降水概率。

救援任务包括：查清现场有无人员被困后，确定的现场主要目标；根据电子卫星地图显示的车辆及人员实时位置进行部署；根据现场火势情况确定初战阶段战术措施。

综上所得，S_1 的灾害本体构成模型如下：

$$S_1 = \{X_1[A_6, B_1, C, D_{1a}, F_3, J_1]; Y_1[K, L, M, N_1,]; Z_1[Q_1, R_1, R_2, T_2]\}。$$

（二）威胁毗邻油罐 S_2

发展情景 S_2 为第三次爆炸发生，承重结构被破坏，大量物料外泄。10 时40 分许，二号交换站再次发生爆炸，站内承重结构完全失去作用，管廊呈 V字形坍塌，管线被拉断后大量物料快速泄漏，全路面流淌火形成，流淌火面积由最开始的 $2000\,\mathrm{m}^2$ 蔓延至周围 $5000\,\mathrm{m}^2$。在指挥部门下达撤退命令后，为保证供水时间不间断，一主攻车辆驾驶员错失最佳撤退时机，被流淌火包围，光荣牺牲。火焰高度继续增高，对厂区南侧管道及对周围大型罐体进一步构成威胁，一旦发生爆炸，后果不堪设想。同时各级救援力量到场，力量部署调整，救援主要方面确定为堵截蔓延，冷却抑爆。

根据上述内容，得出灾害现场发展情景 S_2 须在原有情景的基础上增加采集信息后，内容更新如下：

灾害事件包括：根据实际情况调整细化灾害类别；记录灾害发生的时间节点，到场时间、爆炸时间等；明确灾害发生的详细地点及起火点；询问现场是否有人员伤亡或被困、增加救援人员伤亡情况模块；询问事故原因，摸清扑救火灾的关键点；根据现场装置布局选择安全区域作为紧急撤退的集结地点；增加临近受威胁建筑情况，主要是位置、距离、威胁程度等；增加受威胁建筑可燃物理化性质分析模块，预测爆炸后破坏威力。

灾害数据包括：车辆信息，主要是增援中队所拥有的战斗车辆型号、供水能力、部署位置、车载可用战斗员数量、灭火剂量（水、泡沫），每车出水枪数量等；人员信息；装备信息；现场气象信息，主要是温度、湿度、风力、风向、降水概率；现场供水情况，主要是固定水源蓄水量、自然水源可用性、消火栓数量及分布、移动水源总量。

救援任务包括：在明确无人被困后，现场主要目标修改；后续到场增援车辆及人员实时位置更新及力量部署安排；由于火势增大所修改的阶段性战术措施；现场救援过程中出现的救援难点。

综上所得，S_2 的灾害本体构成模型如下：

$$S_2 = \{X_2[A_6, B_1, C, D_{1a}, F_3, J_1, G,]; Y_2[K, L, M, N_1, O]; Z_2[Q_1, R_1, R_2, T_2, W_2, U, W_6]\}。$$

（三）事故消失 S_3

终结情景 S_3 为后续增援力量到场后，火势初步得到控制。常州、苏州等周围增援支队力量相继到场。整个事故现场被划分成东、西、南、北四个战斗段，后方调集的 10 套远程供水系统、4 辆泡沫原液供给车及 1200t 抗溶性泡沫全力保障现场灭火剂供给。16 时许，二号交换站火势再次增大，烟气高度近百米，部分道路再次被流淌火布满，突变的风向多次干扰救援人员行动，原有阵地被火焰占领，交换站附近装置面临严重威胁。

17 时许，后续调集的水带 1.5 万 m、移动泡沫炮 30 门、隔热服 100 套、300 套防毒面具到场。18 时许，大量现场急需的救援物资全部到位，打持久战的准备条件充足，现场基本情况已经明确，同时应急管理部相关人员到场，可以考虑反攻的决策制定。

根据上述内容，得出灾害现场终结情景 S_3 须在原有基础上增加采集信息后，整体内容如下：

灾害事件包括：根据现场情况将罐体火灾、装置火灾及流淌火区分开，针对不同灾害进行处置；记录罐体燃烧时间、临近装置受威胁时间等；寻找起火原点并根据工艺流程掐断起火点；加强对人员状态观测；与到场专家商议事故关键点；设置前沿阵地、后方指挥部，做好打持久战的准备；对周围受威胁大的罐体进一步冷却阻延。

灾害数据包括：车辆信息，主要是后续各支队力量到场后，整体现场救援车辆位置的更换，将功率大的主战车辆更新到战斗一线，设法保障灾害现场整体供水线路的畅通有效；人员信息，及时更新人员工作时间，对最初进入火场战斗的救援人员进行轮换休息，防止人员过劳、中暑等现象；装备信息，主要是统筹各地调集的现场急需的各类防护、救援装备，并明确装备应用性及第一时间配备区域；现场气象信息，主要是与气象部门沟通，设置现场实时气象监测模块，避免因多变的风向导致现场火焰蔓延方向改变而吞噬救援人员的情况发生；现场供水情况，主要是确定人工河流与自然水源能否支持大量远程供水系统大规模用水量的问题。

救援任务包括：现场主要目标从冷却抑爆到反攻重新占领阵地的转变；更新现场救援力量的部署情况，实时掌握主攻方向力量所在；在发起总攻前，与技术人员进行沟通，确定阶段性战术措施有效，在切断进料端口后发起总攻；现场指挥部门要明确现场救援难点，针对相关难点制定临时决策；协调医疗部门保障救援人员，避免非战斗减员情况发生；交管、安监等部门同时协助，保障各类救援力量及时到场。

综上所述，S_3 的灾害本体构成模型如下：

$$S_3 = \{X_3[A_6, B_1, C, D_{1a}, F_3, J_1, G, I,]; Y_3[K, L, M, N_1, O, L, P];$$
$$Z_3[Q_3, R_1, R_2, T_2, W_2, U, V, W_6]\}.$$

三、灾情信息边缘处理

为还原真实灾害事故现场信息采集处理过程，以实际案例所搭建的灾害现场信息模型为基础，详细展示了重大灾害事故现场边缘终端设备信息处理过程，对各类信息的边缘处理过程进行介绍。

（一）车辆终端信息采集

当 15 中队 1 号车作为作战单元到达现场后，将其默认为一个边缘终端设备，根据扎根理论和解释结构模型筛选出的车辆决策信息向其发出信息采集的指令，并根据终端固定的数据标注表，对车辆采集到的决策信息进行标注，之后存储于车辆携带的临时存储设备中，当上层指挥单元或兄弟单元发出数据共享请求时，车辆终端芯片将按照请求的编码内容进行数据上传，从而解决了海量数据上传所造成的信道占用、网络堵塞等问题。具体流程如图 3.15 所示。

根据车辆边缘终端处理流程，确定车辆采集信息为 K_1 车辆编号；K_2 车辆型号；K_3 车载装备；K_4 车载人员；K_5 供水时间、K_6 位置信息。针对不同信息类型，利用不同传感器进行数据采集，其具体方法如图 3.16 所示。

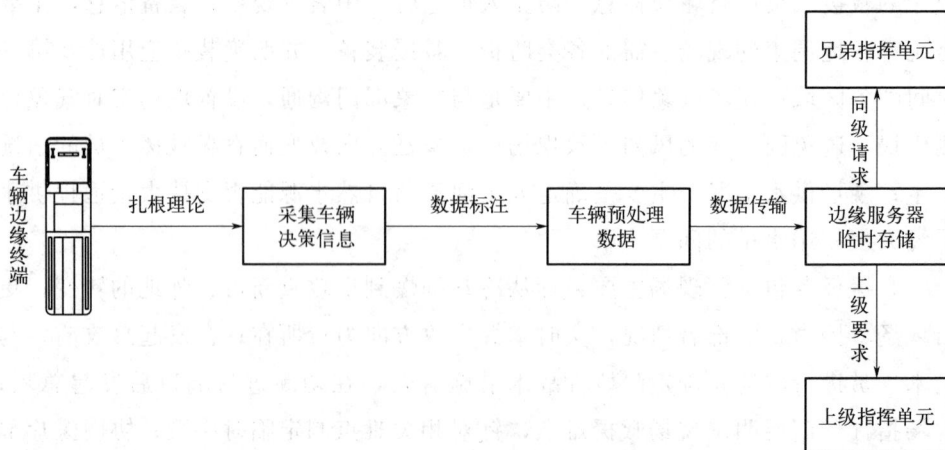

图 3.15 车辆边缘终端处理流程

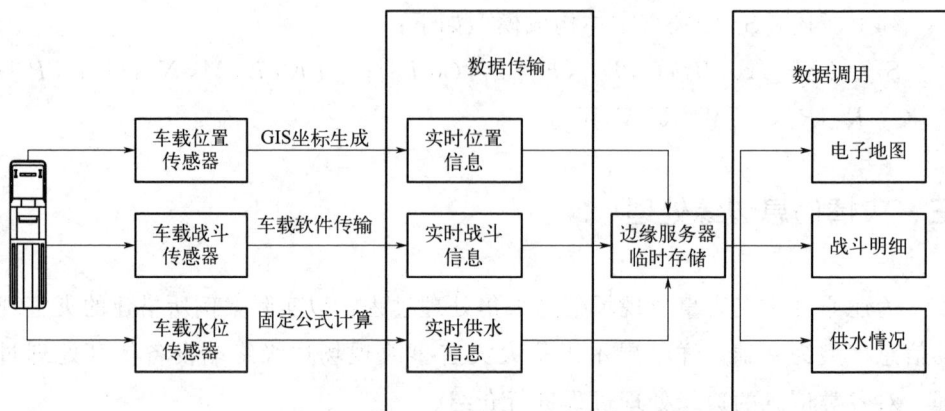

图 3.16 车辆信息边缘处理

（1）位置信息。以案例中第一时间到场的辖区中队三台消防车为例，首先利用车载位置传感器采集车辆实时位置信息，并通过电子地图显示，从而得到一号泡沫水罐车位于 1 号交换站附近，坐标（120.456，32.07），2 号水罐车位于氮气站，坐标（120.4562，32.08）附近，3 号抢险救援车停靠厂区东门外，坐标（120.457，32.075）。

（2）水位信息。车辆水位信息预处理如下所示：

根据车载水位传感器所进行的边缘计算可得出，由于 2 号车占据消火栓为 1 号车供水，其供水公式参照公式（3.2）进行计算：

T_1 为 1 号车所求的可持续供水时间；M_1 为车辆实际储水量 10t，$N_{实1}$ 为 1 号车两支水枪出水量之和 13L/s，$N_{供1}$ 为 2 号车占据水源为 1 号车供水，流

量无限大。公式计算过程为

$$T_1 = \frac{M_1}{N_{实1} - N_{供1}} = \frac{10000}{13 - \infty} = \infty \tag{3.4}$$

所以得出 1 号车供水情况为长时间持续供水。

（3）装备信息。利用车载战斗传感器向指挥部门传输战斗信息，1 号车承载 6 人，此时已架设 1 门移动炮阻截火势、1 门移动炮冷却 2402 罐；2 号车水罐车承载 5 人占据氮气站附近消火栓，向 1 号车供水；3 号车抢险救援车承载 3 人，停靠厂区东门外，负责外围警戒和增援车辆引导。

将采集信息在终端传感器进行编码，得出表 3.9。

表 3.9　车辆信息采集表

要素	编号	描述
车辆编号	K_1	15-1(15 中队 1 号车)
到场时间	B_2	11:25
车辆位置	K_6	120.456,32.07
车载装备	K_3	K3a、K3b、K3c、K3d、K3e、K3f
车载人员	K_4	6 人
灭火剂类型	K_{7a}	水、泡沫
灭火剂储量	K_{7b}	水 7t、泡沫 3t
供水时间	K_5	无限大

根据本体理论建成重大灾害事故现场信息库，利用 MYSQL 针对车辆数据进行数据建设，其数据库构成如图 3.17 所示：

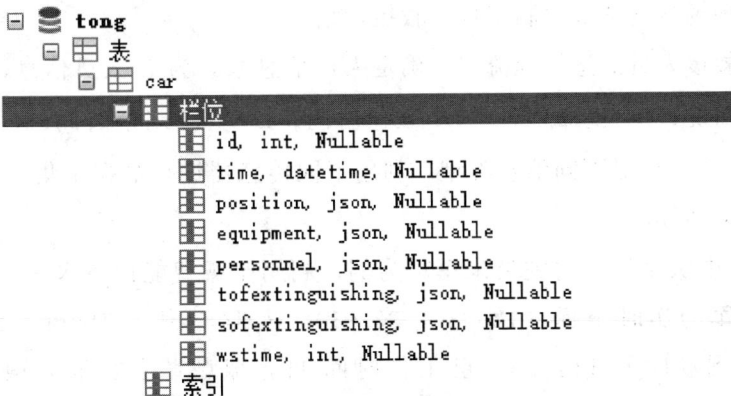

图 3.17　MYSQL 车辆数据库

按照上文采集到的 1 号车数据，利用可视化软件进行实例展示，该车在电子地图中位置如图 3.18 所示。

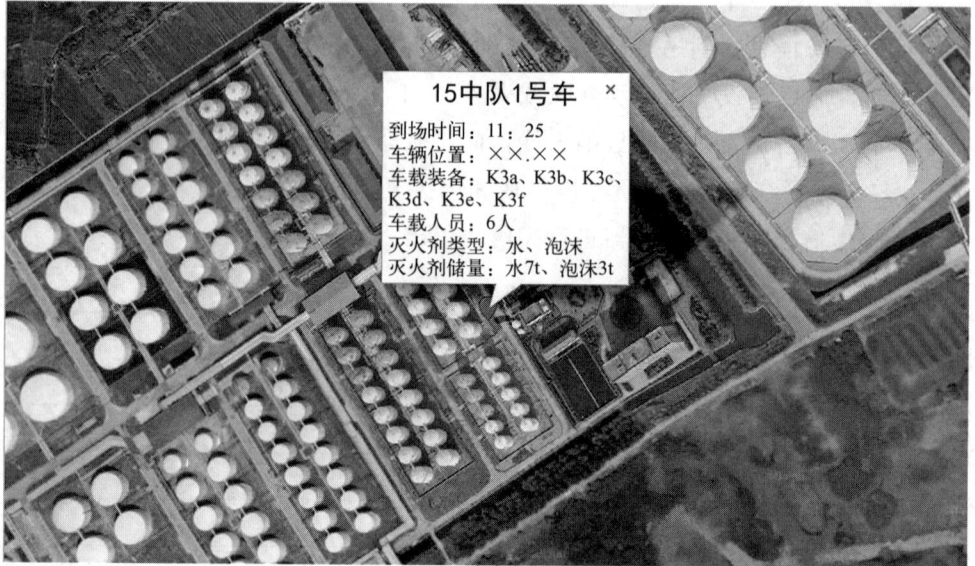

15中队1号车　×

到场时间：11∶25
车辆位置：××.×××
车载装备：K3a、K3b、K3c、K3d、K3e、K3f
车载人员：6人
灭火剂类型：水、泡沫
灭火剂储量：水7t、泡沫3t

图 3.18　车辆位置信息图

（二）人员信息边缘采集

当救援人员到场时，其所携带的单兵设备可实时开始工作，对救援人员的实时体征进行采集与传输，同时设备所带的 GPS 定位系统可模糊定位救援人员位置；摄像头可将救援人员采集的灾害现场图像传输至指挥终端，便于指挥部门分析现场救援细节，制定现场救援计划。

根据救援人员信息处理流程，确定人员信息采集为 L 人员信息；L_1 携带防护装备情况；L_2 生命体征；L_3 工作时间；L_4 空呼剩余时间；L_{2c} 体表温度；L_{2d} 心率。针对不同信息类型，利用不同传感器进行数据采集，其具体方法如图 3.19 所示。

以 15 中队 1 号车驾驶员朱军军为例，利用佩戴智能设备采集实时信息，得到朱军军的实时坐标（120.85，33.01），实时心率 147bpm，实时体温 36.6℃，到场时间 11∶25，已工作时间 1h，佩戴装备：消防救援头盔、消防救援服、消防救援靴、对讲机、数据采集设备、空呼、单兵图传设备等。

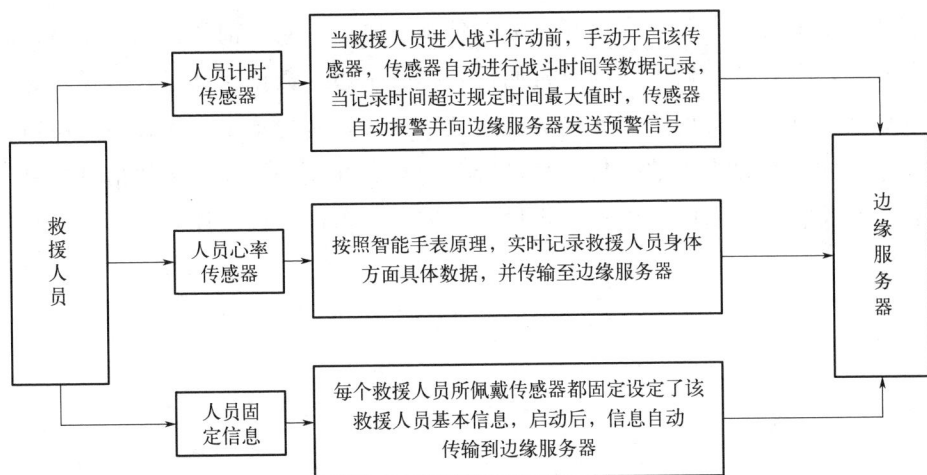

图 3.19　人员边缘计算过程

将采集信息在终端传感器进行编码，得出表 3.10。

表 3.10　人员信息采集表

要素	编号	描述
人员编号	L	15-1-6(表示消防站编号为 15,消防站前方作战车为 1 号车,前方作战车第 6 名号员)
到场时间	L_1	11:25
人员位置	L_5	120.85,33.01
人员装备	L_1	防护装备、对讲机、数据采集设备、空呼、单兵图传设备
实时心率	L_{2d}	147bpm
实时体温	L_{2c}	36.6℃
工作时间	L_3	60min
空呼余量	L_4	无限大(未开启)

本章小结

本章在确定了决策信息种类的基础上，首先阐述了边缘计算在应急救援领域应用的关系，探讨了实际应用的可行性。其次，针对不同决策信息种类，选择相应的终端传感设备，介绍相关数据处理技术，针对当前数据调用固有模式进行改进，有效减小数据访问时延问题，解决了边缘数据存储时，容量不足时的数据选择方法。最后根据异构数据类型数据库，构建了重大灾害事故决策信息本体，并针对边缘终端采集信息进行异构数据标注，解决了多源信息标签问题和碎片信息整理问题，为下一步构建灾害情景提供技术支撑。

第四章
基于实时数据的重大灾害事故情景构建及推演

重大灾害事故现场数据的采集分析为事故情景构建及事故情景推演提供基础数据。本章首先探讨了重大灾害事故情景的定义及其时空特性，随后引入了"情景元"概念，促进了多源异构信息的整合与情景的标准化表达。进一步分析了情景元的演变规律及其可能的路径演化关系，并构建了情景演化链路图，从而从定性角度分析了关键情景决策变化对灾情状态演化的影响。基于随机Petri网理论和马尔可夫链理论，本章还构建了重大灾害事故应急决策模型，实现了从定性描述到定量分析的情景转化。

第一节
情景构建

为了准确完整地表示灾害情景状态，又使语言简洁明了，将重大灾害事故情景模型分为灾害事件、灾害数据、救援任务三个单一要素，从而更清晰地体现灾害现场某一时刻情景状态。其整体情景的表示由时间要素进行串联。由上一章可以得知，重大灾害事故本体由以下几部分构成。

一、单一情景构建

（一）灾害事件

在上文建立的数据库中，灾害事件本体内容 X 通常包括以下几个部分：

$$X = \{DisasterX\_C, DisasterX\_R, DisasterX\_c, DisasterX\_A\}$$

（1）C 为概念（Concept），包含所有重大灾害事故本体的事、物、行为等。任何现场可以采集到的信息都有其固定的概念解释、状态情况、属性特征等。

（2）R 为关系（Relation），每一个关系对应于所研究前后对象之间的关系。包括概念与类别间的例子，整体与部分的继承与从属等关系。

（3）c 为组成成分（Component），指重大灾害事故情景中所包含的内容、组分。在灾害事件本体中，组成成分包括：灾害类别、灾害时间节点、灾害发生地点、人员伤亡情况、事故原因、现场破坏情况、临近受威胁情况、临近自然水源、工艺流程、燃烧物理化性质。

（4）A 为属性（Attribute），表示某一概念的具体解释，可以是外观属性，也可能是其本质内容。如在油罐火灾中，油罐拥有油罐储量、油罐类型、高度、直径等属性。

（二）灾害数据

灾害数据本体内容 Y 包括以下几个部分：

$$Y = \{DisasterY\_C, DisasterY\_R, DisasterY\_c, DisasterY\_A\}$$

在灾害数据本体中，组成成分包括：车辆、人员、装备、现场气象、现场供水情况、物资调用。

（三）救援任务

救援任务本体内容 Z 包括以下几个部分：

$$Z = \{DisasterZ\_C, DisasterZ\_R, DisasterZ\_c, DisasterZ\_A\}$$

在救援任务本体中，组成成分包括：现场主要目标确定、现场救援力量分布、阶段战术措施、现场救援难点、医疗部门信息、交管部门信息、兄弟部门信息。

二、综合情景合并

分别举例说明集合 X、Y、Z 三个单一要素的表达方式，最后综合形成重大灾害事故情景集合 S。集合内各详细属性内容及编号情况如下。

（1）灾害事件表示为集合 X_1，表示为：

$$X_1 = [A_6, B_1, C, D_{(1a,1b)}, E_2, F_3, G_{(1,2,3c)}, H_1, I, J_{(1,2,3)}]$$

集合内序号及对应信息如表 4.1 所示。

表 4.1　灾害情景表述示例

序号	内容	实例
A_6	罐体火灾	固定顶罐
B_1	发生时间	2020 年 10 月 15 日 17:30
C	发生地点	××罐区
D_{1a}, D_{1b}	人员伤亡	伤 3 人，亡 0 人
E_3	事故原因	工人操作失误
F_3	现场破坏情况	罐体爆炸起火
G_1	受威胁建筑距离	20m

序号	内容	实例
G_2	受威胁建筑位置	东南方向
G_{3c}	受威胁建筑类型	固定顶罐
H_1	临近水源位置	罐区北面有河流一条
I	工艺流程	图示
J_1	燃烧物理化性质	名称,爆炸极限……

（2）灾害数据表示为集合 Y_1，表示为：

$$Y_1 = [K,L,M,N_{(1,2,3a,4)},O_1,P]$$

集合内序号及对应信息如表 4.2 所示。

表 4.2　灾害数据示例

序号	内容	实例
K	车辆信息	初期到场车辆 4 辆
L	人员信息	初期到场人员 16 人
M	装备信息	移动水炮等
N_1	气温	20℃
N_2	风力	3 级
N_{3a}	风向	西北风
N_4	湿度	30%
O	现场供水情况	部分消火栓损坏
P	物资调用	调集泡沫 20t

（3）救援任务表示为集合 Z_1，表示为：

$$Z_1 = [Q_1,R_{(1,2)},T_2,U_{(1,7)},V_2,W_{(1,6)}]$$

集合内序号及对应信息如下表所示：

表 4.3　灾害数据示例

序号	内容	实例
Q_1	现场主要目标	先救人、后灭火
R_1	现场救援车辆分布	电子地图
R_2	现场救援人员分布	电子地图
T_2	阶段战术措施	冷却
U_1	现场救援难点	人员被困

序号	内容	实例
U_7	现场救援难点	冷却无效
V_2	可接收伤员数量	50 人
W_1	道路交通	系统显示
W_6	专业技术人员	已调集

（4）综上所述，将 X、Y、Z 三个要素集合合并，生成灾害事故发生初期集合，表示为 S_1。

$$S_1 = \{X_1[A_6, B_1, C, D_{(Ia, Ib)}, E_2, F_3, G_{(1,2,3c)}, H_1, I, J_{(1,2,3)}];$$
$$Y_1[K, L, M, N_{(1,2/3a,4)}, O_1; P];$$
$$Z_1 = [Q_1, R_{(1,2)}, T_2, U_{(1,7)}, V_2, W_{(1,6)}]\}$$

情景文字描述为：2020 年 10 月 15 日 17 点 30 分，位于××市××路的××罐区，一固定顶罐由于工人操作失误发生爆炸起火；已调集救援车辆 4 辆、救援人员 16 人，同时携带多种救援装备若干；救援人员经过到场侦察得知，当前事故共造成 3 人受伤，气象情况为 20℃、西北风 3 级、相对湿度 30%；靠近起火罐东南方向 20m 处有一固定顶罐，内部有大量有毒可燃物，正在受起火罐热辐射威胁，随时可能发生爆炸；厂区内消火栓部分损毁、厂区附近有自然河流一条；同时侦察发现现场有人员被困，当前制定的决策主要目标为边冷却边救人，但由于现场力量不足，且燃烧猛烈，现场冷却效果不理想；已向上级单位请求增援，同时调派灭火剂泡沫 20 吨，增援车辆、人数若干、专业技术人员若干；临近医院距离 2km，可接收伤员 50 人，交通、安监等力量全部到位；车辆、人员、道路交通等具体情况由电子地图实时显示。

第二节
情景系统实现

单纯完成灾害情景模型构建还不足以使救援现场指挥部门直观、便捷、准确地了解现场灾害情景。为系统地帮助救援指挥人员制定现场决策，实现灾害现场整体情景的可视化展示，设计开发重大灾害事故可视化系统，并将整体设计思路及具体实现过程介绍如下。

一、系统总体设计

本章设计了边缘终端—QT—SQLyog 原型系统的顶层数据流图，如图 4.1 所示。

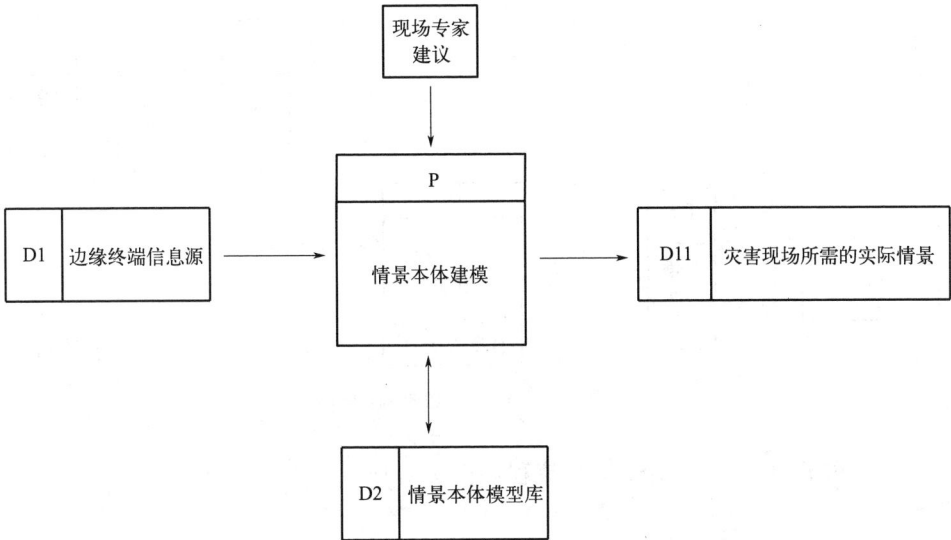

图 4.1　顶层数据流图

系统输入的是灾害事故现场边缘终端采集到的预处理数据以及图像、视频等类型的具体信息源。在经过边缘终端数据标注、系统本体库模型选择、现场专家情景建议的三个模块共同处理后，细化了一些具体的领域概念与关系。从而输出灾害现场所需的实际情景。

结合本章整体研究流程，细化"重大灾害事故情景可视化系统"，系统的第一层数据流图如图 4.2 所示。

二、系统功能结构

重大灾害事故可视化系统主要为重大灾害事故现场救援指挥部门提供灾害现场信息管理、情景态势展示及救援力量分布展示等功能，其中情景信息管理主要包括对边缘终端设备采集到的灾情信息进行加工、处理、转化和标注等操作。情景态势展示主要包括救援过程中面对事故动态情景构建及演化过程数据

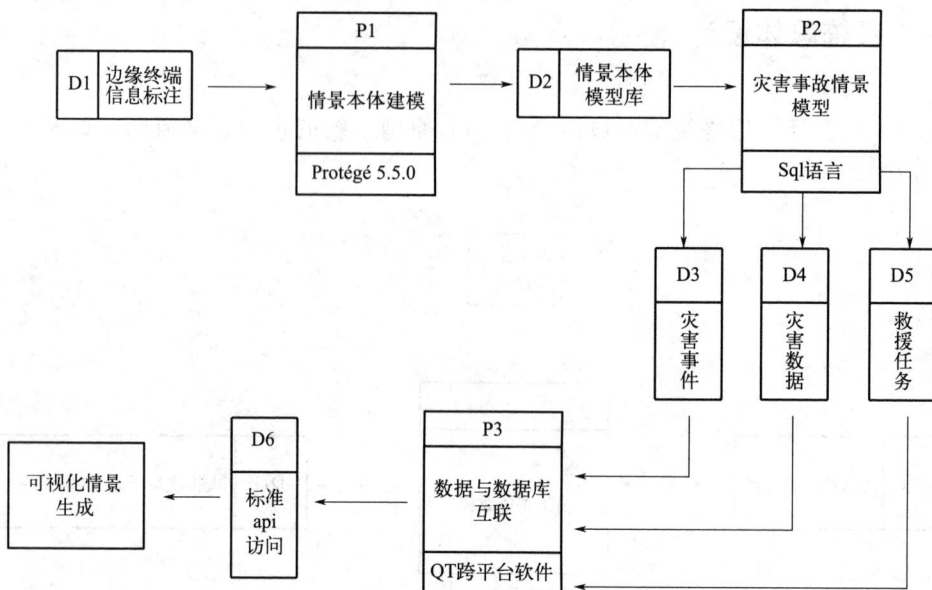

图 4.2　第一层数据流图

记录等。其模块功能及整体运行流程如图 4.3 所示。

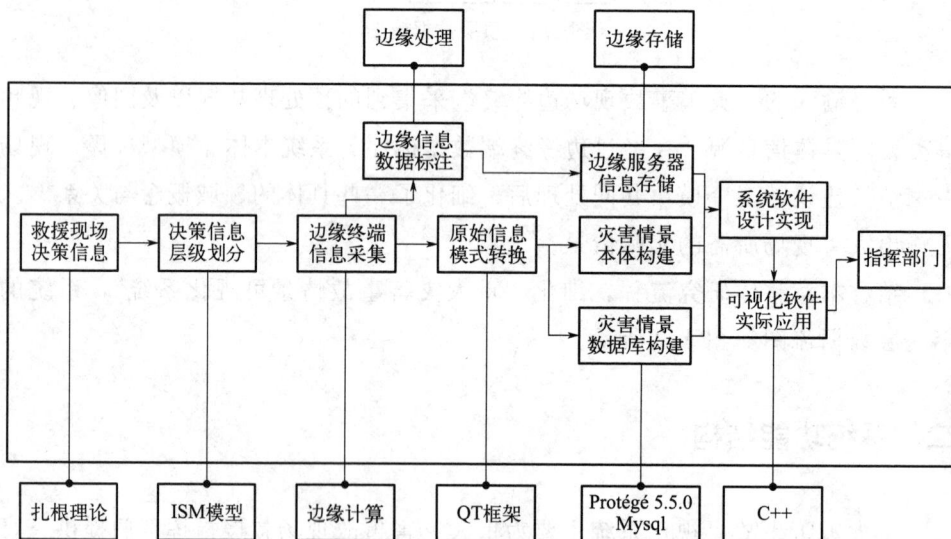

图 4.3　系统运行流程

决策信息层级划分模块主要负责当灾害发生时，根据上文第二章研究成果确定相关灾害类型所需决策信息。

边缘终端信息采集、数据标注模块主要利用边缘计算思想，结合第三章主要内容使固定边缘终端设备对数据进行原始标注，方便其在后续传输过程中快捷、高效。

模式转换模块主要依托跨平台软件 QT，利用 C++语言进行程序编写，很好地解决了由于原始数据和数据库格式不兼容而导致信息无法按照既定程序进行分类、存储、调用的难题。

本体及数据库连接模块主要是根据大量的事故案例，形成固定、成熟、有序的灾害信息存储架构，方便后续可视化模块进行数据调用。

三、系统界面展示

本系统客户端使用 C++语言进行编写，基于跨平台软件框架 QT 开发。系统采用 C/S 架构方式。

客户端通过电脑自带的开放式数据库 ODBC 标准 api 来访问系统，降低与数据库管理系统的耦合性。通过标准 SQL 语言读取 MYSQL 数据库中所存储的数据。其中部分数据选用 JSON 存储，相较于常使用的 XML、JSON，在传输过程中使用了压缩算法，极大提升了传输、压缩解压缩效率。同时利用多线程对数据进行更新，以提高效率。

软件数据库框架界面及主界面如图 4.4 所示。

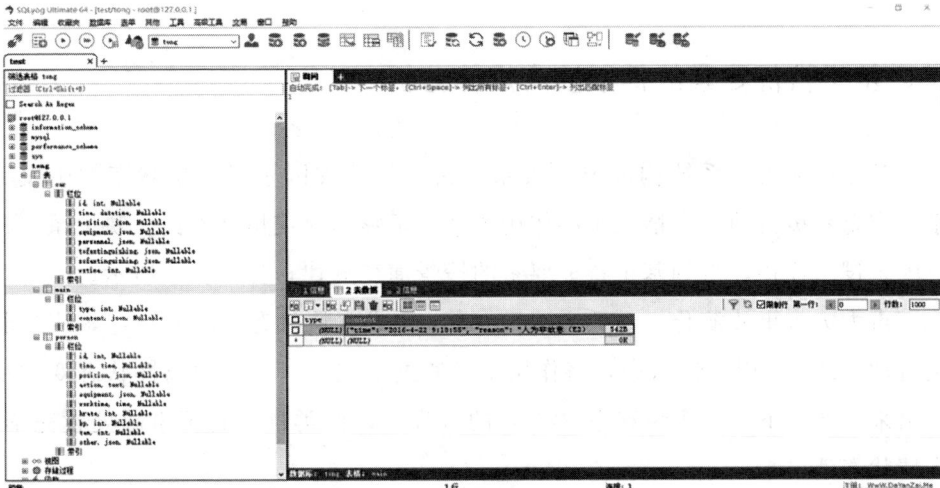

(a) 数据库框架界面

图 4.4

(b) 软件主界面

图 4.4 软件数据库框架界面及主界面

第三节
情景推演分析

一、基于特征要素的情景演变规律分析

基于区域灾害系统构成要素关系分析，将致灾因子对灾情状态的引发关系、应急救援行动对灾情状态的作用关系、承灾体对灾情状态的反映关系，进行因果逻辑连接，得到基于特征要素的情景演变规律，如图 4.5 所示。

重大灾害事故演化，是致灾因子（D）引发灾情状态（C_1）产生，应急救援行动（R）作用灾情状态，将作用结果通过承灾体（H）的属性状态变化反映出来，产生下一个灾情状态（C_2）的过程。以此类推，直至事故处置完毕，灾情状态消失。

根据基于承灾体的区域灾害链演化分析结论可知，事故演化是基于承灾体状态的改变。只有暴露在致灾因子影响范围内的承灾体才可能产生损失，导致

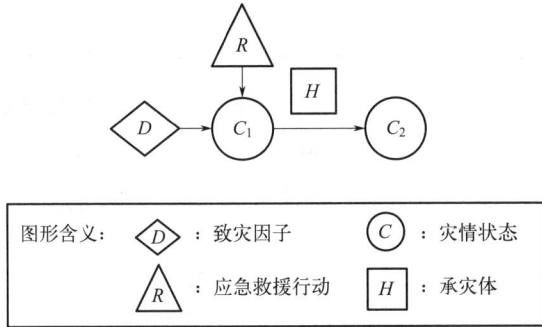

图 4.5　特征要素之间的作用关系

事故发生演化。假设 t_0 时刻重大灾害事故爆发，开始影响区域内的承灾体状态。从 t_1 时刻开始，区域内的不同承灾体将受到影响，出现两个及以上的情景和对应的事故演化路径。同时，由于消防救援队伍应急救援行动有效性的差异，将导致事故朝乐观或悲观方向发展，直至 t_n 时刻灾情状态被控制、事故处置完毕，如图 4.6 所示。

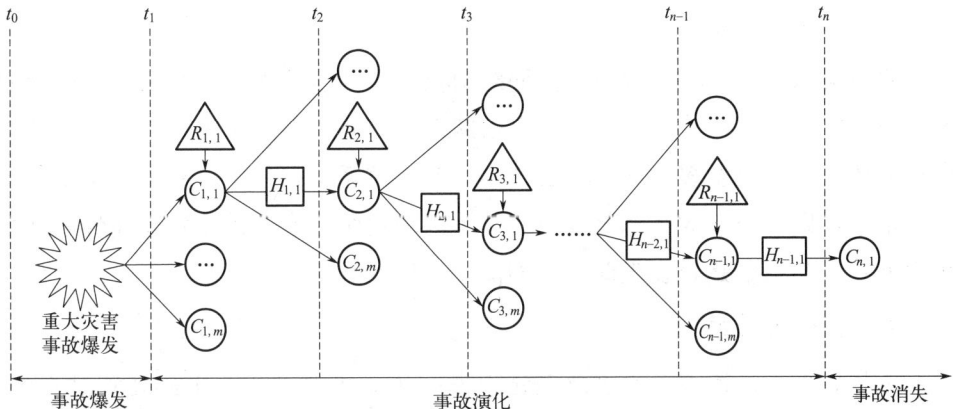

图 4.6　情景演变规律示意图

二、情景演变路径关系分析

重大灾害事故演化，是诸多相互紧密联系的因素耦合作用的结果，具有显著的多径性。本章在事件链理论的基础上，将情景演变的因果逻辑关系划分为顺序、并发、汇聚、耦合四种，实现情景演变路径的分析。

（一）顺序关系

顺序关系，一方面指前后事故状态的演化具有因果逻辑关系，前事故是后事故发生的前提，后事故是前事故演化的结果；另一方面指前后事故状态在数量上相同，一个前事故引发一个后事故产生。顺序关系下，事故情景仅含有 1 个情景元，情景元的演变即为情景的演变，如图 4.7 所示。

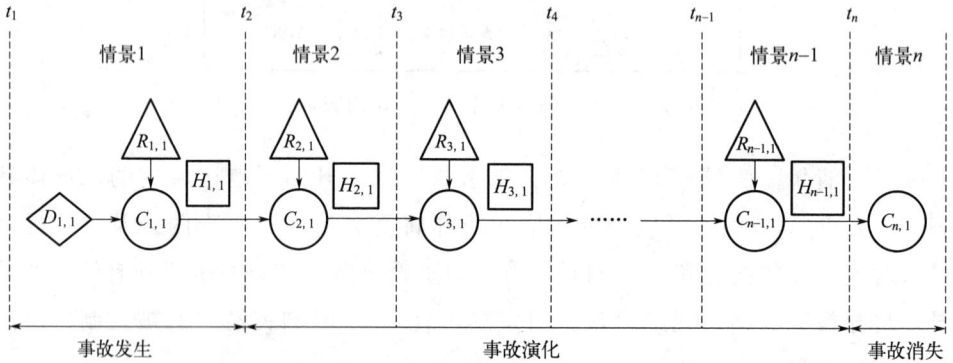

图 4.7　顺序关系的情景链路示意图

（二）并发关系

并发关系，是指前事故演化会同时引发多个后事故产生。虽然，事故处置过程中，应急干预持续作用于一个灾情状态。但是，释放致灾因子可能导致多个承灾体受损，引发多个灾情状态产生。并发关系下，每个事故情景至少包含一个情景，即每个事故状态至少包括一个区域灾情状态，以承灾体属性状态变化为节点区分情景是否发生演化，如图 4.8 所示。

（三）汇集关系

汇集关系，是指多个前事故演化引发一个后事故产生。事故处置过程中，根据灾情状态的不同，将实施不同的应急干预，释放的不同致灾因子将导致一个承灾体受损，引发一个灾情状态产生。汇集关系下，每个事故情景至少包含一个情景，即每个事故状态至少包括一个区域灾情状态，以承灾体属性状态变化为节点区分情景是否发生演化，如图 4.9 所示。

（四）耦合关系

耦合关系，是指多个前事故演化引发多个后事故产生。事故处置过程中，根据灾情状态的不同，将实施不同的应急干预，释放的不同致灾因子将导致多个承灾体受损，引发多个灾情状态产生。耦合关系下，每个事故情景至少包括

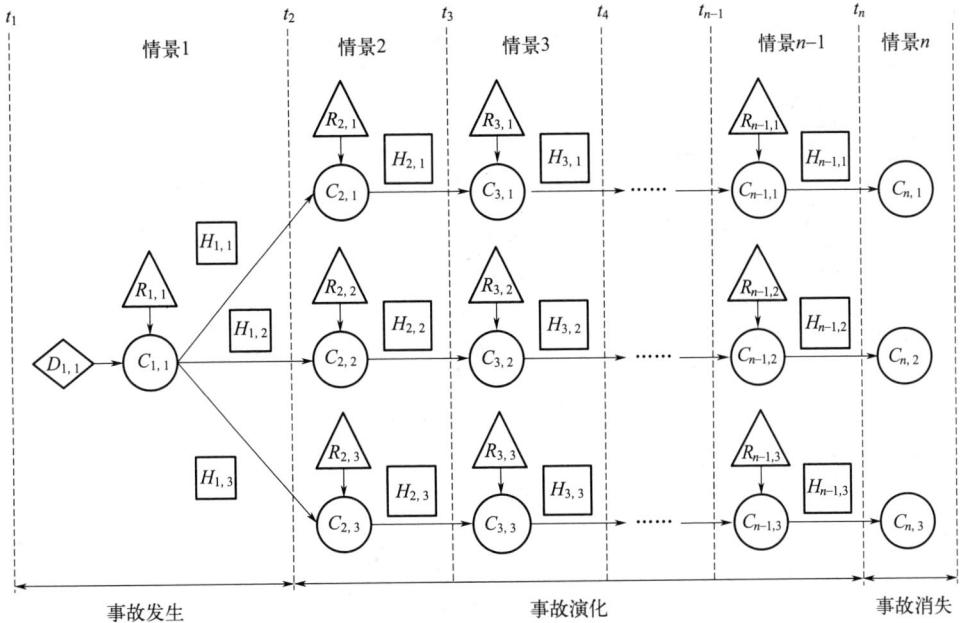

图 4.8　并发关系的情景链路示意图

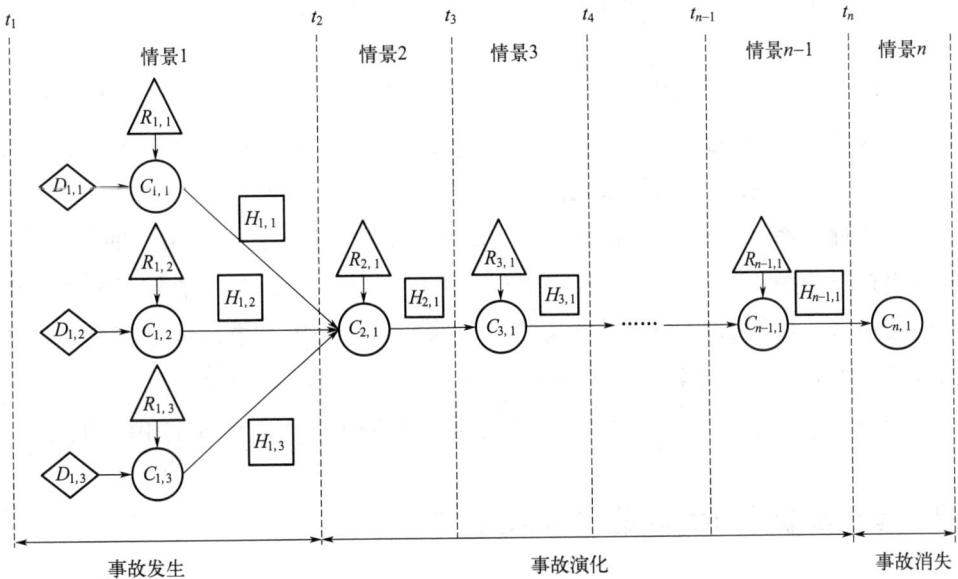

图 4.9　汇集关系的情景链路示意图

两个情景，即每个事故状态至少包括两个区域灾情状态，以承灾体属性状态变化为节点区分情景是否发生演化，如图 4.10 所示。

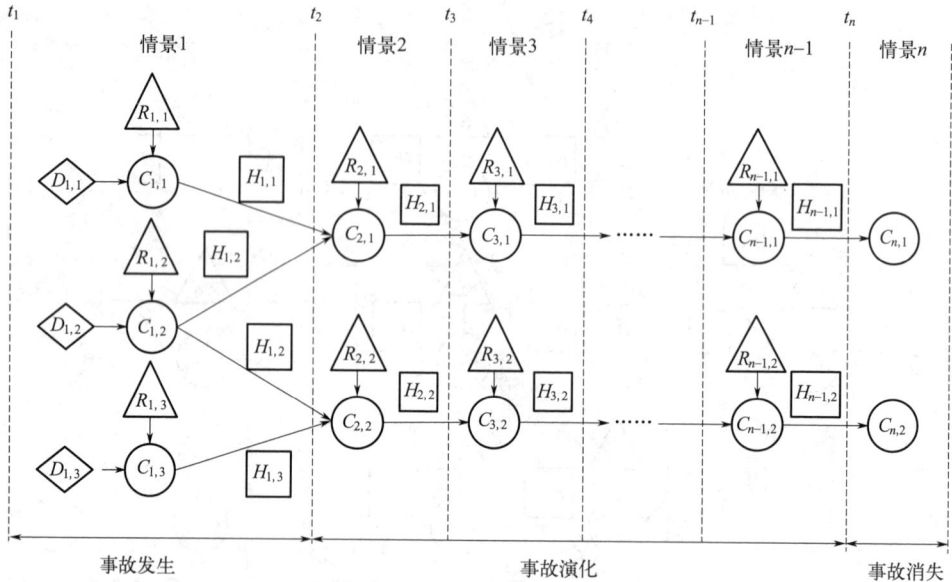

图 4.10　耦合关系的情景链路示意图

三、基于特征要素的事故情景演变链路图构建

"情景"不是事故演化过程中片段或整体的重现，而是基于真实背景对某一类突发事件的普遍规律进行全过程、全方位和全景式的系统性描述，是对某一类重大风险的系统化和形象化的呈现。

基于此，将情景链路关系中的顺序关系、并发关系、汇聚关系、耦合关系 4 种因果逻辑关系进行归纳、提取、整合，生成一条涵盖所有情景演变关系的情景链路模型，如图 4.11 所示。该情景演变路径是重大灾害事故情景演变链路图的基础，不同事故情景演变过程都是在该情景链路图的基础上，进行链路长度的延伸或并发关系的叠加，但最核心的情景演变因果逻辑关系都是相同的。

四、基于随机 Petri 网的事故情景重构

在利用情景构建事故情景演变链路的基础上，引入随机 Petri 网理论重构事故情景，一方面，其表示方法有利于消防救援队伍指战员快速识别当前事故状态和可能的演化态势；另一方面，利用其动态模拟表达方法，为后文定量分析应急决策指挥变化与事故灾情状态演化之间的内在规律奠定基础。

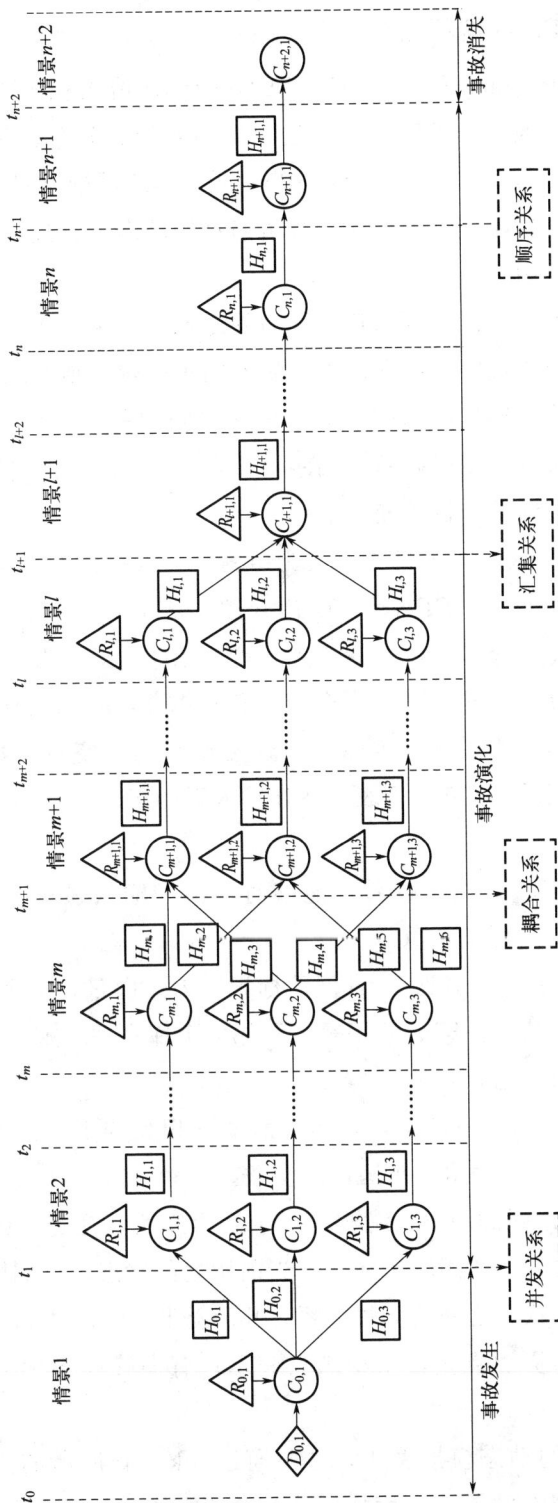

图 4.11 基于特征要素的重大灾害事故基础情景演变链路图

（一）随机 Petri 网理论

Petri 网（Petri net，PN）是 Carl Adam Petri 博士在 1962 年提出的一种系统分析和建模的理论，可以用来描述和处理异步、分布、并行等信息流动。随机 Petri 网（Stochastic Petri net，SPN）在 Petri 网的基础上，引入了时间参数和随机概念，能够进一步描述、分析信息的动态传递过程，得到了国内外专家学者的广泛应用。

针对重大灾害事故的情景构建，国内外专家学者主要运用了本体论、贝叶斯网络、模糊规则推理等方法和理论，从不同角度较好地实现了情景的表示和构建。但是，在情景构建的基础上对于情景之间的驱动条件表示、分析不足。因此，这里引入随机 Petri 网理论，在特征要素构建情景链路图的基础上，加强情景之间驱动条件的分析研究。

随机 Petri 网（SPN）通常被定义为由 6 个元素描述的有向图，即

$$SPN = (P, T, F, W, M, \lambda) \tag{4.1}$$

（1）$P = \{p_1, p_2, p_3, \cdots, p_n\}$，为库所的有限集合，$n$ 为库所的个数。

（2）$T = \{t_1, t_2, t_3, \cdots, t_m\}$，为变迁的有限集合，$m$ 为变迁的个数。

（3）$F \subseteq I \cup O$，为变迁输入弧和变迁输出弧的非空有限集合，表示库所和变迁之间的流关系。其中，I 表示变迁输入弧的集合，$I \subseteq P \times T$；O 为变迁输出弧的集合，$O \subseteq T \times P$。

（4）$W: F \rightarrow N^+$，为弧函数，能够对输出和输入弧进行赋权，$w(p,t)$ 或 $w(t,p)$ 代表有向弧的权重。

（5）$M: P \rightarrow N$，为随机 Petri 网的标识，为一向量，表示在随机 Petri 网中各库所的分布。其中，第 i 个元素表示第 i 个库所中 token 的数目，M_0 为初始标识即系统的初始状态。

（6）$\lambda = \{\lambda_1, \lambda_2, \lambda_3, \cdots, \lambda_m\}$，是与时间变迁相关的平均激发速率，时间变迁服从负指数分布，λ 表示分布函数的参数。

基于随机 Petri 网的动态系统构建，主要由库所、变迁、token、有向弧 4 个元素构成。其中，库所用于描述系统当前所处的状态，用圆圈表示；变迁用于描述系统中前后状态之间的依赖关系，用矩形框表示；token 用于描述系统当前状态中所含的资源数量，用小黑点表示；有向弧联系库所元素和变迁元素，用有向箭头表示。

随机 Petri 网的动态模拟表达，主要通过 token 在库所的流动来实现。每发生一次变迁，将会清除上一库所的 token，同时生成下一库所的 token。当

token 从当前库所流向下一个库所，表示系统的状态由当前状态变化到下一个状态，即事故从当前情景状态演化到下一情景状态。随着 token 沿着系统路径流动，实现随机 Petri 网系统的全部运行，即事故完成整个演化的过程。

图 4.12 所示为变迁 t_1 激发前后随机 Petri 网系统的状态情况。其中，库所 p_1 中储存有一个 token，是变迁 t_1 激发的前提条件。以变迁 t_1 为界，可以认为库所 p_1 为输出库所，p_2 为输入库所。通过变迁 t_1 被激发，输出库所 p_1 中的一个 token 将被清除，输入库所 p_2 中将生成一个 token。

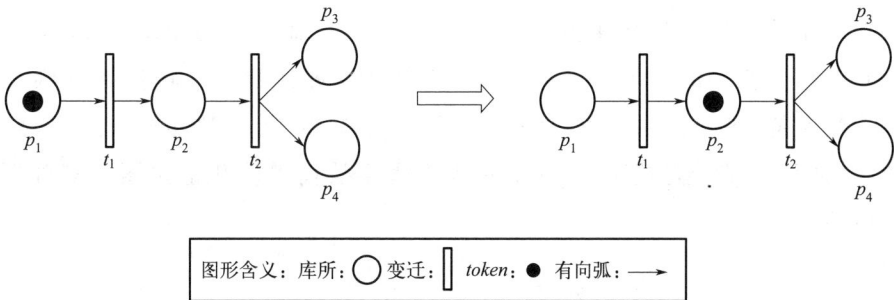

图 4.12 变迁 t_1 激发前后随机 Petri 网系统的状态情况

（二）随机 Petri 网构成元素分析与确定

利用随机 Petri 网进行事故情景重构的关键，是明确其运行规则与情景演变规律、消防救援实际情况之间的关系。在随机 Petri 网系统中，通过变迁的激发，促使前后库所中 token 转移，实现系统的动态运行。

从情景演变规律角度分析。情景演变受致灾因子要素、灾情状态要素、承灾体要素的综合作用。通过施加应急救援要素，作用于当前灾情状态，影响不同承灾体，实现灾情状态的演化。与随机 Petri 网运行规则中，变迁激发 token 实现系统的动态运行规则一致。

从消防救援情况角度分析。灾情演化的路径，取决于应急救援行动的实施强度能否改变当前的灾情状态。其中，科学有力的应急决策指挥将使灾情状态向着乐观方向发展；盲目无效的应急决策指挥将使灾情状态向着悲观方向发展。与随机 Petri 网运行规则中，系统运行路径取决于变迁实施强度的运行规则一致。

（1）状态节点确定。随机 Petri 网的系统运行，实质上是 token 在库所中的流动。换言之，库所相当于存放 token 的"容器"。基于前文分析，结合情景与情景的概念和定义，这里认为库所为重大灾害事故演化过程中的时空要素（TL）；token 是重大灾害事故演化过程中的不同灾情状态，是致灾因子要素（D）、灾情状态要素（C）、承灾体要素（H）的集合。

（2）变迁节点确定。随机 Petri 网的系统运行，实质上是 token 通过变迁的激发实现。换言之，变迁相当于是 token 在库所中流动的驱动条件。立足于消防救援队伍应急指挥角度，这里认为变迁是重大灾害事故演化过程中消防救援队伍的应急决策指挥。

（三）基于随机 Petri 网的情景演变链路图构建

在基于特征要素构建事故情景演变链路的基础上，利用随机 Petri 网理论，将库所定义为时空要素、token 定义为事故灾情状态（包括致灾因子要素、灾情状态要素、承灾体要素）、变迁定义为应急救援要素，可得到图 4.13 所示的基于随机 Petri 网的重大灾害事故情景演化链路图，实现事故情景的重构。

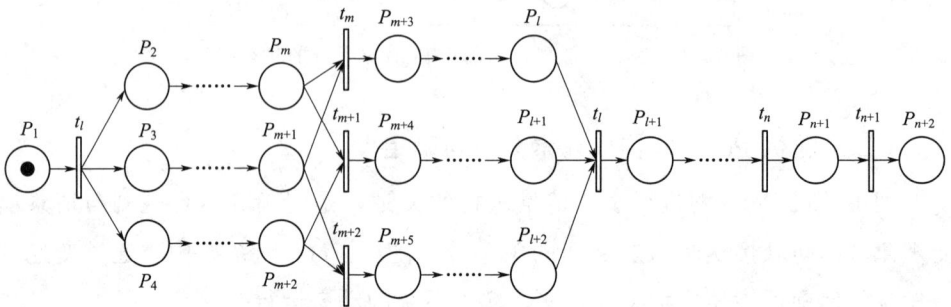

图 4.13　基于随机 Petri 网的重大灾害事故情景演变链路图

"情景-应对"型应急方式的核心思想，是依据事故实时情景进行决策的制定、分析和优化。通过上一章的研究，已经完成了对重大灾害事故现场情景的构建及演化分析，为使消防指战员针对性优化部分关键决策指挥，提高事故处置效率。本章分析了基于情景的决策生成过程，并从时间、空间两个维度分解情景，关联情景演变与决策制定，建立不同指挥层级、不同处置阶段的应急决策指挥体系。随后，从灾情演化、决策变化两个角度，界定关键情景，定性分析关键情景决策变化对灾情状态演化的影响。最后，根据随机 Petri 网与马尔可夫链同构的原理，构建决策优化模型，利用模糊数学等理论，定量分析关键情景的决策实施强度变化对灾情状态演化的影响。

第四节
基于实时情景的决策生成分析

情景演变贯穿重大灾害事故发生、演化到结束，实质上是决策主体面临的不断发展、更新的真实情境。事故高效处置的关键在于对当前情景的认知程度。本章将决策的生成过程划分为特征要素层、事故状态层、应急目标层和应急决策层四个层级，建立静态下事故情景与应急决策指挥之间的关系，如图 4.14 所示。

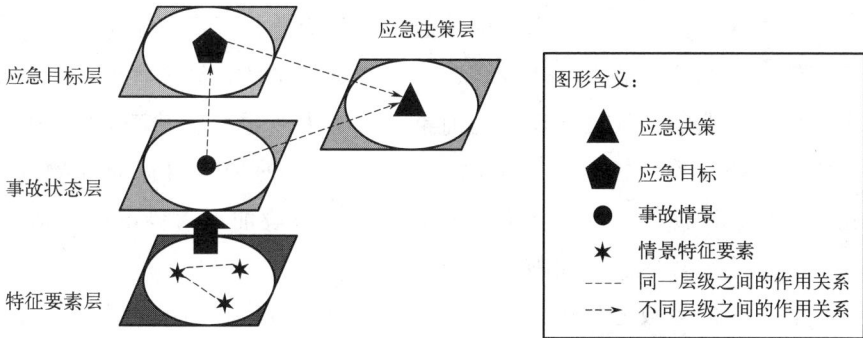

图 4.14　基于实时情景的应急决策生成过程

（一）特征要素层

特征要素层，代表指战员对灾情信息的收集和掌握程度，是认识事故当前状态、制定可行应急目标、科学实施应急决策的关键，是应急决策生成的基础。其中，主要包括致灾因子要素、承灾体要素、灾情状态要素等情景特征要素。例如油罐发生燃烧，特征要素层主要包括油罐的类型、温度、形变量等信息的数量。

（二）事故状态层

事故状态层，代表决策者对灾情状态的认知程度，是决定能否制定可行的应急目标的关键。其中，主要包括特征要素组成的情景元或情景，即部分或整体事故灾情状态。例如，某地区发生地震，事故状态层主要包括山体滑坡、泥石流等不同区域的灾情状态。

（三）应急目标层

应急目标层，代表决策者主观期望通过处置措施的实施，使下一事故达到某种状态的程度，是实施科学应急决策的核心。例如某高层建筑发生火灾，决策者主观期望通过实施有效的灭火战术措施，控制火势不往顶层方向蔓延为应急目标。

（四）应急决策层

应急决策层，代表决策者基于当前事故状态和应急目标而制定的事故处置措施。例如，当前事故状态为发生流淌火，应急目标是消灭流淌火，则应急决策可能为筑堤围堵、定向导流等灭火救援措施。

事故处置过程中，消防指战员通过不断收集特征要素层的事故灾情信息，加深对不同区域灾情状态的认识，从而制定可行的应急目标，主观期望下一事故达到的情景状态。在综合考虑当前事故状态和应急目标后，制定合理、科学的应急决策。例如某油罐发生燃烧，通过收集罐体温度、倾斜程度、罐体形变量等灾情信息，消防指战员认识到当前事故状态为油罐燃烧。基于此，其希望通过实施相应的灭火救援决策使油罐火势熄灭，此时应急目标为油罐火势熄灭。在综合考虑油罐燃烧的火势大小和希望下一阶段油罐火势熄灭的情况下，决策者会制定冷却罐体、关阀断料等应急决策。

从应急决策的生成分析可以发现，指战员对于事故状态层的认识程度，一方面会影响应急目标的制定；另一方面会影响应急决策的制定。因此，要高效处置事故，加深事故情景认识，基于实时情景进行应急决策是关键。

一、基于情景时空分解的决策分析

情景兼具空间和时间属性，空间上，体现了某一时刻灾情"态"的集合；时间上，体现了灾情"势"的发展。基于此，在分析基于情景的决策生成过程的基础上，从空间、时间两个维度分解情景，研究动态情景变化下，不同指挥层级、不同处置阶段的情景与决策之间的关系。

（一）基于情景空间分解的决策分析

如图4.15所示，假设固定某一时刻，按照"情景—情景元—特征要素"三个层级的顺序从空间上分解事故情景。其中，顶层为事故情景层，是某一时间节点下整个灾害事故的灾情状态；中间层为事故情景层，是不同区域的灾情状态；底层为情景特征要素层，是不同区域以承灾体为核心，围绕致灾因子、救援行动等方面的现场信息。不同层级之间具有相互包含关系，高层级情景包含低层级情景；同一层级之间具有相互作用、相互影响关系。

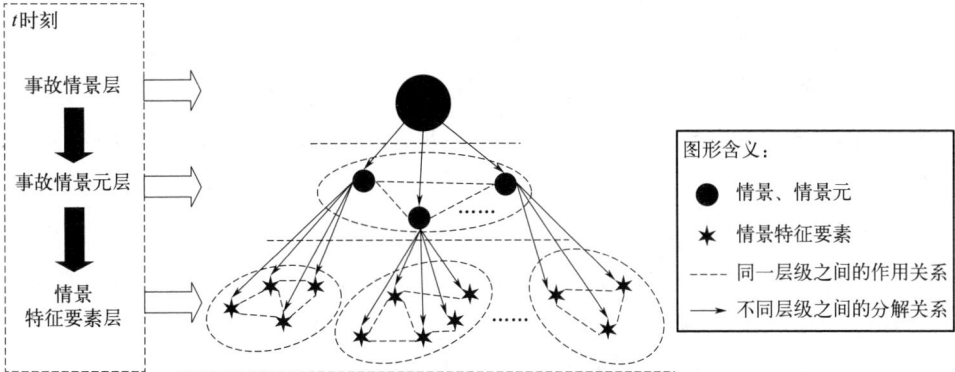

图 4.15　情景在空间上的分解

以大连"7·16"油库火灾 16 日 18 时 19 分为例，此时事故情景层为整个罐区发生火灾，具体事故情景层为 T103♯油罐燃烧，北侧输油管线炸断，流淌火威胁 T102♯、T106♯油罐以及南海罐区，海面流淌火等。以 T103♯油罐燃烧事故情景为例，特征要素层为 T103♯油罐的周长、面积、罐体温度、罐体形变量等信息，以及施加的救援行动等。其中，事故情景层罐区燃烧，包含 T103♯油罐燃烧、地面流淌火等事故状态，T103♯油罐燃烧等事故状态包含罐体温度、周长、形变量等罐体的物理状态。并且，油罐燃烧、地面流淌火等事故状态会产生热辐射，共同影响 T102♯、T106♯等油罐，不同的罐体温度、周长、面积等物理性质会影响罐体形变量等。

通过事故情景层—事故情景元层—情景特征要素层的情景空间分解，一方面，可以加强指战员对于重大灾害事故情景层次的认识；另一方面，重大灾害事故存在影响范围广、灾情状态多样、事故演化迅速、救援力量复杂等情况，导致现场任务目标分散、指挥层级不明晰等情况产生。因此，基于情景的空间分解，针对不同层级情景的任务需求，建立相应的分权决策指挥体系，自上而下进行任务分解细化和责任落实，避免高压环境下决策混乱等现象产生。

重大灾害事故指挥架构往往划分为事故现场总指挥、区域灾情指挥员、行动小组指挥员三级。因此，根据情景在空间上的分解情况，结合指挥架构的分层，将事故现场应急决策指挥分为三个层级：

（1）第一层级应急决策指挥。第一层级应急决策指挥的主体为事故现场总指挥员，主要职责包括制定应急目标、协同应急力量、保障应急队伍等方面，体现为制定事故总体或区域的处置目标、协调事故现场的应急救援力量，保障现场应急所需的各项物资等。

（2）第二层级应急决策指挥。第二层级应急决策指挥的主体为不同区域灾情的指挥员，主要职责包括确定现场的主要方面、任务的分解和落实，体现为根据总指挥的区域灾情划分，结合负责区域的灾情发展趋势、存在险情、应急力量情况，确定本事故区域的主要方面，协调救援力量进行任务的分解、落实和实施。

（3）第三层级应急决策指挥。第三层级应急决策指挥的主体为行动小组指挥员，主要职责为根据应急任务的具体内容，部署救援力量、实施应急救援行动，体现为根据本区域内灾情指挥员的任务分配，具体落实疏散救人、排烟供水、现场警戒等具体现场处置任务。

例如，2010年大连"7·16"油库爆炸火灾中，灭火救援现场设有总指挥、区域指挥员、行动小组等。其中，第一层级应急决策由总指挥制定，主要关注整个事故罐区的综合情况，把握整个事故的处置思路，划分战斗区域、确定总攻时间等较为宏观的决策方案；第二层级应急决策由灭火救援指挥员制定，主要根据总指挥划分的不同区域、负责的救援任务，制定尽快消灭流淌火、冷却燃烧油罐、消灭海面流淌火等决策任务；第三层级应急决策由不同行动小组，主要根据指挥员制定的灭火措施，部署救援力量进行罐体冷却、围堵消灭流淌火、出动消防艇消灭海面流淌火等具体救援行动。

（二）基于情景时间分解的决策分析

如图4.16所示，将事故情景按照时间演化方向进行切分，可得到若干个情景片段。基于生命周期理论，结合重大灾害事故演化过程和消防救援队伍应急救援实际情况，本章将事故演化过程大致分为潜伏孕育期、爆发显现期、持续升级期、消解减缓期、消失终结期五个阶段。重大灾害事故的情景演变是由不同时间点的情景整合而成，某一时间点的情景则是由所展开的各个空间上的情景整合而成。

应急决策指挥的根本目的是在短时间内通过采取有效的处置措施抑制或消除灾情。任何灾害事故升级演化过程中都会经历一些重要节点，这些节点的应急决策会影响事故的发展演化。在情景时间分解的基础上，结合情景空间分解的三级决策体系，构建不同事故演化阶段的主要决策内容，详见图4.17。

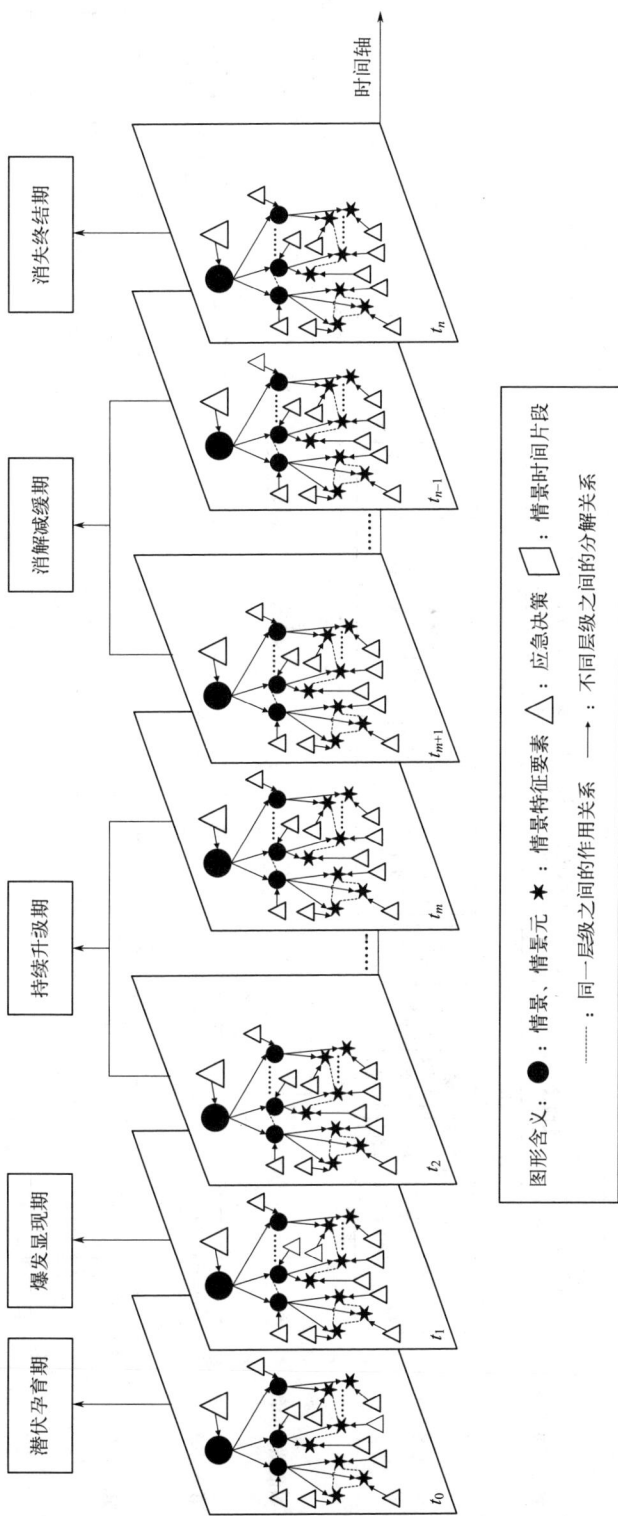

图 4.16　情景在时间上的分解

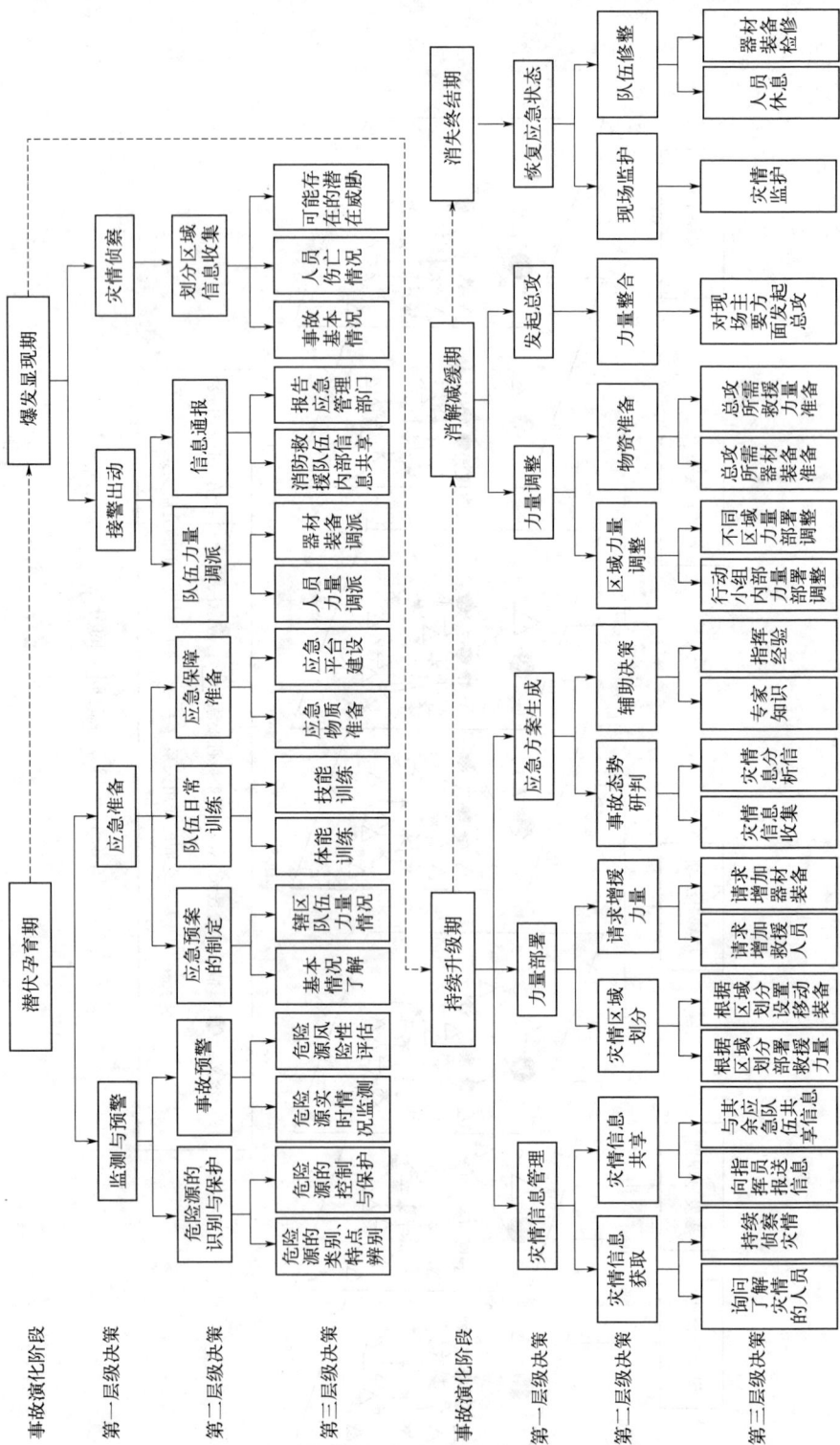

图 4.17 事故不同演化阶段的应急决策的主要内容

二、基于关键情景的决策优化分析

基于情景的时空分解发现，在不同事故演化阶段，不同层级的决策主体将基于当前事故情景，制定大量应急决策。关键情景，是影响事故演化的重要灾情状态，是灾情状态升级演化过程中的一个重要节点。通过优化其中的应急决策，可以最大程度地影响事故的发展演化，提升事故处置效率。

（一）关键情景界定

目前，国内外专家学者针对关键情景的研究较少，并且大多针对关键情景的定义及认定主要依靠专家经验知识。其中，夏登友认为关键情景是能代表此类灾害事故某一阶段内的特征情景。Chang 等认为关键情景是指突发事件级别显著增加或降低、情景中的承灾载体受到严重影响、环境条件发生重大变化、应急管理活动会对后续情景产生重大影响的情景。在此基础上，尹洁等结合知识元间关系、专家知识，运用证据推理的方法，通过计算当前事故情景与案例库中事故情景的相似度，进行关键情景的检索和确定。

在前人研究的基础上，结合消防救援队伍处置灾害事故实际情况，从灾情状态演化和决策指挥变化两个角度出发，界定、分析关键情景的含义。

（1）灾情状态演化角度。从质量互变规律角度思考，事物的发展过程、发展状态和发展形势都是量变—质变—量变的循环往复过程。其中，量变情景是一种渐进的、不显著的变化；质变情景是根本性的改变，是渐进过程的中断。普遍认为，质变情景相较量变情景而言，对人员伤亡、财产损失、事故演化的影响程度更大。

事故的演化机理，分为发生和发展机理。其中，发生机理是描述事故的爆发过程；发展机理是描述事故发展演化的规律，主要包括转化、蔓延、衍生、耦合四种，对应的灾情演化实质上是不同程度的灾情突变过程。

从综合质量互变规律、事故演化机理两个角度发现，国内外专家学者在事故演化方面更多关注的是灾情状态发生质变、突变的环节。基于此，从灾情演化角度认为，关键情景是指事故演化过程中，灾情状态发生突变，产生新的、破坏力发生改变的质变灾情状态。

（2）决策指挥变化角度。灾情状态的认识是决策制定的基础，决策指挥的变化对应灾情状态的演化。一方面，决策的变化有可能滞后于灾情状态的演化，例如某燃烧油罐发生爆炸后，指挥员才会在前期力量部署的基础上增加冷却力量，防止油罐爆炸后产生的猛烈热辐射威胁周围罐区；另一方面，决策的变化有可能提前于灾情状态的演化，例如油罐已经出现了即将爆炸的征兆，指挥员可能会增加冷却力量，防止油罐爆炸，最终导致油罐稳定燃烧或火势熄灭。

事故案例处置报告是消防救援队伍应急救援行动的如实记录和客观总结，包含大量事故演化和应急决策的信息，是对事故处置过程最大程度的还原，也是专家学者研究案例的重要资料。其中，关于事故处置经过部分，一方面在划分事故演化阶段的基础上，撰写了事故演化的整个过程；另一方面针对事故的不同演化阶段，撰写了对应的应急决策指挥。从报告撰写者逻辑思维角度出发，报告中对于演化过程的描述、演化阶段的划分、应急决策的实施等，是事故处置过程中影响事故演化的关键环节。

基于此，从决策变化角度认为，关键情景是消防救援队伍在事故处置过程中，重大应急决策指挥变化所对应的灾情状态。其中，主要包括接警出动、初期救援力量部署、增援力量部署、突变情况力量调整、发起事故总攻、现场监护等。

（二）关键情景识别

重大灾害事故的关键情景是指在灾害事故发展过程中，能够影响或决定整个灾害事故发展方向或涉及大量人员被困和贵重物质财产损失，以及造成严重社会影响的灾害事故情景。它是重大灾害事故已经与可能造成危害的最重要的事态及其方位，是现场应急处置行动最为迫切和最为紧要的方面，是影响和决定救援行动成败与效率的关键所在。识别步骤如图 4.18 所示。

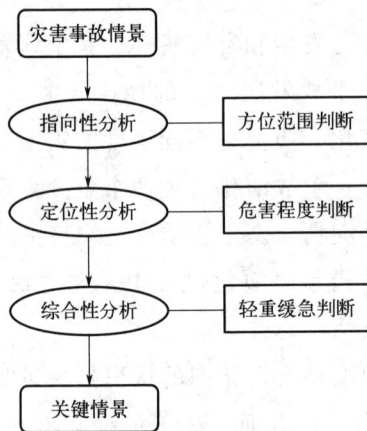

图 4.18　灾害事故关键情景识别步骤

（1）指向性分析。指向性分析是利用灾害事故的普遍规律和灾害现场最易获得的事故情景信息，快速地分析关键事故情景可能所处的方位和范围，以及现场可能存在的重大事故险情、人员可能聚集被困情况等，为下一步事故情景的定位性分析过程提供一定依据。指向性分析方法的基本思路和内容如图 4.19 所示。

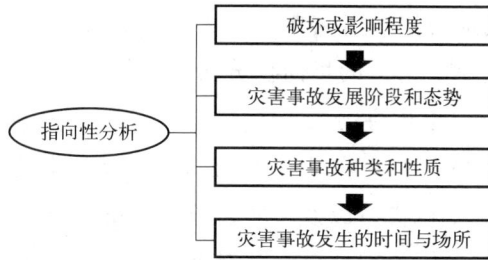

图 4.19　指向性分析主要内容

① 根据灾害事故现场遭受破坏或影响程度，确定关键事故情景所在区域。侦察灾害事故现场建构筑物、环境以及人员伤亡情况，分析比较现场遭受破坏最严重、伤亡情况最严重和受影响程度最大的区域，作为判断关键事故情景方位、范围的依据。

② 根据灾害事故情景发展态势，分析可能进一步造成重大人员伤亡、财产损失及社会影响的时间范围。灾害事故的发展具有一定的规律性，以时间为线索可以划分为初期、中期及后期，在发展态势上可以分为由弱变强、持续变强，再由强到弱的发展阶段。根据灾害事故发生的阶段和态势，结合灾害事故情景的孕灾环境，分析灾害事故情景发展的方向和速度，确定灾害事故情景可能造成的重大危害时间和范围，为指向性分析提供依据。

③ 根据灾害事故的种类和性质，分析事故现场潜在的其他重大险情和危害。灾害事故由于种类和性质不同，其危害的程度、途径和方式的不同，以及孕灾环境的不同，在其发展过程中可能引发的潜在险情也大不相同。例如石油化工装置火灾可能引发爆炸、装置管道坍塌、有毒物质泄漏等事故险情；液化石油气泄漏可能引发群体中毒、爆炸等事故险情；地震灾害可能引发水坝崩塌、核泄漏事故、建构筑物二次坍塌等险情。现场应急决策者须根据灾害事故的种类和性质及事故的孕灾环境，分析潜在的重大事故险情，作为关键事故情景的指向性分析依据。

④ 根据灾害事故发生的时间和场所，分析人员被困情况。从白昼和夜间

来分，灾害事故如果发生在白天，人们大部分在进行工作学习等活动，室外活动多，灾害发生后能及时感知、及时避险，被困人员相对较少；如果灾害事故发生在夜间，人们大部分处于睡眠状态，加上避险能见度低，被困人员就会相对较多。从灾害事故发生的场所来看，灾害事故如果发生在工厂、学校、医院、车站等人员密集场所，且发生在白天，被困人员就会较多，且相对集中；如果灾害事故发生在野外、露天广场等人员稀疏的空旷区域，被困人员就会相对很少。因此，现场应急决策者需要根据灾害事故发生的时间段和场所分析人员被困情况，为关键事故情景的指向性分析提供依据。

（2）定位性分析。定位性分析是在指向性分析的基础上，利用进一步侦察获得的具体而准确的信息，分析判断灾害情景实际状态，包括致灾因子种类和状态、承灾体种类和状态以及孕灾环境等，重点分析人员被困情况，为综合性分析确定灾害事故关键情景提供依据。定位性分析方法的基本思路和内容如图 4.20 所示。

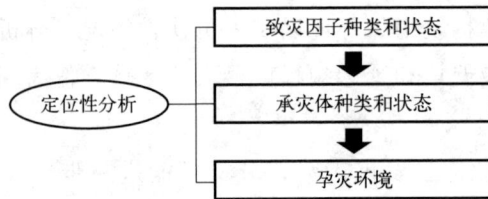

图 4.20　定位性分析主要内容

① 根据灾害事故的致灾因子种类和状态，分析灾害事故情景的危害程度。灾害事故的致灾因子与事故造成的危害以及潜在危害有着密切关系，只有存在相应的致灾因子，才有可能引发对应的事故险情，并且致灾因子的种类和状态是决定灾害事故危害程度最重要的因素之一。致灾因子的种类越危险，其所处的状态越糟糕，相对应的灾害事故情景引发和潜在的危害就越大，该事故情景的重要程度也就越高。例如居民建筑火灾的致灾因子是火源，若火源的火势越大，短时间内难以控制，则引发大面积火灾或立体火灾的可能性越大，该事故情景可能造成的危害也就越大。

② 根据灾害事故的承灾体种类和状态，分析灾害事故情景的危害程度。承灾体的主要对象是人员生命、物质财产以及生态环境，了解承灾体的种类、状态及其分布状况有利于分析灾害事故发展蔓延的速度、后果严重性以及被困人员和物资所在部位和聚集情况。以人员被困情况为例，首先，现场应急决策

者需要了解此区域人员被困人数、灾害事故发生前所处的部位以及被困人员附近逃生通道的状况，人员被困的分布状态可分为个别状态、多个集中状态以及团体式聚集被困状态；附近的疏散通道状况可分为较多、较少和没有三个状态；疏散通道的畅通情况可分为畅通、部分堵塞和完全堵塞三种状态。其次，应急决策者应对被困人员所处的环境安全性进行分析，若围困区域安全状况差，又是事故情景继续恶化蔓延的方向，则被困人员所处环境安全性相对较低；否则，安全性相对较高。

③ 根据灾害事故的致灾因子和承灾体所处的孕灾环境，分析灾害事故情景可能威胁的对象和范围。一定种类的致灾因子对相应的承灾体造成破坏后，形成的灾害事故的严重性还和它们所处的孕灾环境紧密相关。若致灾因子和承灾体所处的孕灾环境是社会、经济、文化、政治等的重要中心，且所处部位是可能造成重大损失的关键部位，则致灾因子所形成的威胁程度会远远超过承灾体所呈现出来的受破坏状态。若孕灾环境人员物质稀疏、重要性程度不高，致灾因子所处部位是独立或非关键部位，则致灾因子所形成的威胁就会仅仅表现在承灾体上。

（3）综合性分析。综合性分析是指在定位性分析结果的基础上，对灾害事故情景状态进行综合性的比较分析，主要包括险情的紧迫性和后果严重程度、人员聚集被困和受威胁情况、受威胁物质的财产价值以及应急救援成效等，确定主要灾害事故情景的轻重缓急顺序，从而判断灾害事故的关键事故情景。综合性分析方法的基本思路和内容如图 4.21 所示。

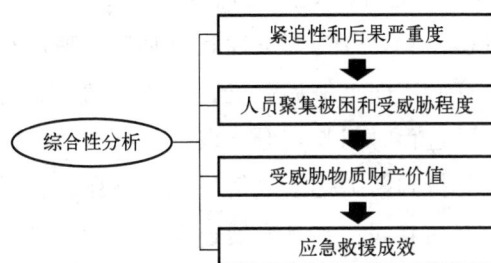

图 4.21　综合性分析主要内容

① 根据灾害事故情景引发危害的紧迫性和严重性，分析判断灾害事故关键情景。紧迫性主要表现为长时、短时和即刻。例如油罐火灾发生爆炸的情况，若是整个油罐呈敞开式燃烧，则引发油罐爆炸的紧迫性为长时；若油罐已经长时间猛烈燃烧且油罐敞开的口子较小，则引发油罐爆炸的紧迫性为短时；

若油罐已经处于通红状态，且发出嘶嘶声、罐体晃动，出现明显的爆炸征兆，则引发油罐爆炸的紧迫性为即刻。严重性指主要事故情景造成的危害程度大小。例如危险化学品泄漏，若危化品为有毒物质、泄漏量大且孕灾环境有利于其蔓延扩散且附近有大量居民，则该事故情景可能引发的严重性较高；否则，相对较低。

② 根据灾害事故情景中被困人员聚集程度和受威胁程度，分析判断灾害事故关键情景。灾害事故中的关键情景识别应当把人员生命放在第一位，要把人员被困情况分析作为分析判断关键事故情景的最主要依据之一。首先，当某一区域被困人员数量多，且主要呈团体式聚集分布，其人员聚集被困程度就比较严重，该类情况可分析判断为灾害事故的关键情景之一。其次，需要就人员被困部位的安全情况的受威胁程度进行分析，可直接从致灾因子的种类、状态及事故情景的发展态势进行分析，若致灾因子种类和状态都很恶劣且距离被困部位很近，事故情景恶化迅速且波及人员被困区域，则人员被困区域受威胁程度很高。

③ 根据灾害事故情景中受威胁物质的价值，分析判断灾害事故关键情景。灾害事故情景中仅存在物质财产受到威胁时，关键事故情景的分析判断应以物质的财产价值为主要判断依据。物质的财产价值主要分为金钱价值和社会文化价值，金钱价值是指该物质可以以一定数量的金钱来衡量其价值；社会文化价值是指无法用一定数量的金钱加以衡量，例如历史文化遗产、珍贵档案资料等。灾害事故情景中的物质价值越高，其重要性也就越高。

④ 根据灾害事故应急处置成效最大化原则，分析判断灾害事故关键情景。灾害事故从发生的过程来看可分为渐发性和瞬时型两种，对于这两类灾害事故发生后的处置关键点有所不同。例如火灾、洪水灾害等属于渐发性灾害事故，它们的共同特点是发展过程时间长，对于该类灾害事故应该主要从灾害事故当前所处的发展状态来分析判断关键事故情景；而爆炸、泥石流等灾害事故属于瞬时型灾害事故，它们的共同特点是发展过程短，对于该类灾害事故应该主要从事故发生后承灾体遭受的破坏和影响程度出发，以抢救人员生命和消除次生灾害为主来分析判断关键事故情景。

（三）事故决策优化分析

重大灾害事故情景，是由不同时空的情景片段整合而成。从灾情演化角度分析，关键情景是事故演化过程中，灾情状态发生突变，产生新的、破坏力发生改变的质变灾情状态；从决策变化角度分析，关键情景是消防救援队伍在事故处置过程中，重大应急决策指挥变化所对应的灾情状态。由于情景具有时空特点，因此从时间、空间两个角度分析关键情景的决策优化对事故处置的影响。

（1）时间角度分析。夏登友认为关键情景是能代表此类灾害事故某一阶段内的特征情景。在此基础上，通过改变关键情景的应急决策，实质上就是针对事故的主要灾情进行决策优化，一方面，可以减少需要优化决策的数量，集中救援力量展开事故处置；另一方面，可以着眼于事故的主要方面，提升事故处置效率。

以石油化工火灾为例，将情景进行时间分解，假设该火灾事故存在 50 个情景片段，其中存在产生大面积流淌火、油罐发生爆炸等 10 个关键情景，同时也存在泵房水喷淋系统损坏等普通情景。此时，关键情景就是火场的主要方面，一方面，决策者应当将救援力量着重部署于关键情景；另一方面，决策者应当优化堵截消灭流淌火、冷却燃烧油罐的灭火力量等关键情景决策，才能最大程度地提升事故处置效率。

（2）空间角度分析。事故演化的情景空间分解，对应着不同层级的应急决策。优化关键情景的应急决策，实质上就是筛选其中的关键决策，集中救援力量于火场的主要方面，提升事故处置效率。

以石油化工火灾为例，将情景进行空间分解，假设此时第一层级事故现场总指挥员制定的决策任务是堵截消灭流淌火，保护未燃烧油罐；第二层级指挥员制定的行动任务是关阀断料、堵截流淌火、修复损坏固定消防设施、冷却未燃烧油罐；第三层级行动小组具体布置救援力量展开行动。此时，如果流淌火火势较大，第一层级应当侧重于流淌火的消灭；第二层级应当侧重于关阀断料和堵截流淌火；第三层级应当侧重于增加关阀断料、堵截流淌火的力量部署，实现决策的筛选和优化。

三、基于马尔可夫链的事故决策分析与优化

（一）马尔可夫链理论

马尔可夫链（Markov Chain，MC），是俄国数学家 Андрей Андреевич Марков 于 1907 年提出，是研究离散事件动态系统状态空间的重要方法，被广泛应用于信息检索、前景预测、性能优化等领域。

国内外专家学者已经证明，随机 Petri 网与马尔可夫链存在同构关系，即将随机 Petri 网的每个标识，映射成马尔可夫链中的每个状态，则随机 Petri 网的可达图将同构于马尔可夫链的状态空间。因此，针对随机 Petri 网的系统动态分析，可以通过马尔可夫链的状态转移速率矩阵来进行动态模拟。基于此，利用马尔可夫链理论，对基于随机 Petri 网的情景链路中应急决策的动态分析和优化的方法如下，流程图如图 4.22 所示。

（1）构建事故情景，引入变迁实施速率。根据重大灾害事故演化的实际情况，定义库所和变迁的含义，建立库所/变迁网，构建事故情景。在此基础上，引入变迁实施速率集 $\{\lambda_1, \lambda_2, \lambda_3, \cdots, \lambda_n\}$，即应急决策的实施强度，得到的模型即为情景分析模型（SPN 模型）。

（2）计算状态转移矩阵，构建决策优化模型。依据 SPN 模型，通过计算关联矩阵、网络标示矩阵、触发向量等状态转移矩阵参数，得到与 SPN 模型同构的决策优化模型（MC 模型）前后状态之间的转移关系，构造 MC 模型，并分析模型有效性。

（3）动态变化决策实施强度，计算稳态概率，优化事故应急决策。依据 MC 模型，利用 Markov 定理和 Chapman-Kolmogorov 方程，计算单一应急决策强度变化下不同事故状态的稳态概率，分析不同决策之间的关联性，动态优化事故决策，以期提升事故处置效率。

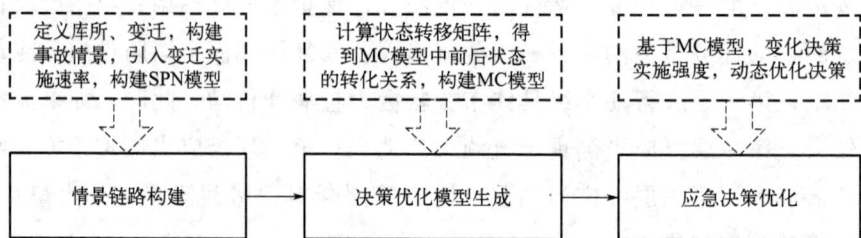

图 4.22　基于马尔可夫链的应急决策优化流程

（二）基于马尔可夫链的决策分析与优化模型构建

（1）关联矩阵计算。关联矩阵，描述的是库所和变迁之间的关系，表示灾情状态演化前后与实施应急决策指挥之间的关系。以库所中的 token 是否被变迁激发为界，将前灾情状态定义为输出库所，后灾情状态定义为输入库所。那么，$C+$ 表示输出库所 p 与变迁 t 的连接关系，即前灾情状态与应急决策指挥之间的连接关系；$C-$ 表示输入库所 p 与变迁 t 的连接关系，后灾情状态与应急决策之间的连接关系。

$W(p,t)$ 表示从库所 p 到变迁 t 的有向弧 F 的权，取值为 1，反向取值为 -1，其余取值为 0。$f(p,t) \in F$，表明从 p 到 t 存在有向通路。关联矩阵的计算方法如公式（4.2）所示。

$$C(P,t) = \begin{cases} -W(p,t) & if \quad f(p,t) \in F \\ W(p,t) & if \quad f(t,p) \in F \\ 0 & \text{其他} \end{cases} \quad (4.2)$$

（2）网络标示矩阵设定。网络标示矩阵中的元素，是随机 Petri 网中 token 的数量，即事故演化过程中的不同灾情状态数量。其中，M_0 代表初始标示矩阵，即事故演化的初始状态；M_n 代表终态标示矩阵，即事故演化的结束状态。$m=1$ 时，表示库所中含 1 个 token。$m=0$ 时，表示库所中不含有 token。

（3）触发向量计算。触发向量，是变迁激发库所中 token，导致 token 发生流动变化的向量，表示重大灾害事故演化过程中，通过实施不同应急决策指挥，驱动灾情状态发生演化的过程。其中，U_0 代表初始触发向量，即触发初始灾情状态的向量；U_n 代表终态触发向量，即导致事故终态的触发向量。$U=1$ 代表触发；$U=0$ 代表未触发。

（4）决策优化模型转化。基于上述的事故情景构建方法，通过确定关键情景及情景之间的演变关系，生成基于随机 Petri 网情景链路。在此基础上，引入变迁实施速率 λ，计算关联矩阵 C、网络标示矩阵 M、触发向量 U，依据公式（4.3）依次求解 M_n、M_{n+1} 的状态参数，得到与 SPN 模型同构的 MC 模型前后状态之间的转移关系，从而构造 MC 模型。

$$M_{n+1} = M_n + CU_{n+1} \quad (4.3)$$

（三）基于模糊数学的稳态概率计算优化

重大灾害事故决策分析和优化，实质上属于马尔可夫链在性能优化领域的应用。在此领域内，马尔可夫链主要应用于供应链、物流等业务流程优化等方面，在情景构建、决策优化领域的研究很少。马尔可夫链理论中，变迁实施速率是稳态概率计算的重要参数，是指单位时间内变迁实施的次数。但是，从消防救援队伍应急救援行动的实际经验分析，很难定义应急决策在单位时间内实施次数这一概念。因此，将马尔可夫链应用于重大灾害事故决策分析和优化，存在变迁实施速率的含义理解和重新适用问题。

在马尔可夫链理论中，变迁实质上是前后系统状态的驱动条件。从表面分析，变迁实施速率是指单位时间内变迁实施的次数；从本质分析，变迁实施速率是单位时间内变迁的实施强度。例如假设单位时间为 1min，手动旋转阀门的转速为 60r/min，则变迁实施速率为 60；如果手动旋转阀门的转速为 80r/min，则变迁实施速率是 80[1]。变迁实施速率 60[1] 变化到 80[1]，一方面可以理解为变迁实施速率的提高，另一方面也可以理解为变迁实施强度的提高。基于此，在重大灾害事故应急决策分析和优化方面，变迁实施速率可以理解为不同应急决策的实施强度。

但是，在消防救援队伍应急救援过程中，存在众多的应急决策指挥，实施强度的评判标准不一。以石油化工火灾为例，存在手动关阀断料、利用泡沫管枪扑救油罐、利用水枪扑灭地面流淌火等。其中，手动关阀断料可能采用人员数量、关阀时间等，扑救油罐可能采用泡沫管枪数量、泡沫数量等来评判决策的实施强度。

基于此，这里提出一种基于处置时间的变迁实施相对强度的计算方法，通过处置时间的比例，侧面反映决策实施的相对强度，如公式（4.4）所示。

$$\lambda_i = \frac{1}{\dfrac{t_i}{t}} \tag{4.4}$$

式中，λ_i 是变迁的实施强度；t_i 是前后决策变化所经历的时间；t 是整个事故处置所用的时间。假设某一石油化工火灾事故处置用时 600min。在扑救过程中，初期到场力量扑救地面流淌火用时 120min，但是由于力量不足，难以控制火势，等待增援力量抵达现场后，增加灭火力量，用时 100min 后将流淌火控制。通过公式（4.4）可计算得到初期力量处置流淌火的相对强度 λ_1 为 5，增援力量到场后处置流淌火的相对强度 λ_2 为 6。由于强度的提升，实现了控制流淌火的目的。

在计算得到不同决策相对强度的基础上，根据 Markov-Kolmogoroff 方程，可以计算得到不同事故状态的稳态概率，如公式（4.5）所示。

$$\begin{cases} P \times \boldsymbol{Q} = 1 \\ \displaystyle\sum_{i=1}^{n} P(M_i) = 1 \end{cases} \tag{4.5}$$

式中，$P(M_i)$ 为 MC 模型中不同灾情状态 M_i 的稳态概率；$\boldsymbol{Q}$ 为 $n \times n$ 阶稳态概率转移矩阵。其中，非对角线元素 q_{ij} 为 M_i 到 M_j 的变迁实施速率，当 M_i 到 M_j 之间不存在有向弧时，表明 M_i 与 M_j 之间无转换关系，则 $q_{ij} = 0$；

---

[1]　变迁实施速率引用到本文中是一个相对值，难以确定物理单位。

当 M_i 到 M_j 之间存在有向弧时，表明 M_i 与 M_j 之间存在转换关系，则 $q_{ij} = \sum\limits_{i \neq j} - q_{ij}$ 。

$$Q = (q_{ij})_{n \times n} = \begin{vmatrix} q_{11} & q_{12} & \cdots & q_{1n} \\ q_{21} & q_{22} & \cdots & q_{2n} \\ \cdots & \cdots & \cdots & \cdots \\ q_{n1} & q_{n2} & \cdots & q_{nn} \end{vmatrix}, i = (1,2,\cdots,n), j = (1,2,\cdots,n)$$

模糊数学，是一种依据模糊集合论处理和解决不确定性问题的方法。由于决策实施的相对强度，是根据对不同决策实施所用时间分析得到的，将不可避免地遗漏一些关键信息，导致稳态概率计算存在一定的误差。

基于此，本章引入模糊数学中的三角模糊数方法。模糊化处理变迁实施强度 λ_i，将稳态概率方程转化为模糊稳态概率方程。在此基础上，利用三角隶属函数表示模糊数，求解模糊稳态概率方程，得到模糊稳态概率。最后，利用区域中心法去除模糊，得到准确的稳态概率。

其中，三角隶属函数是自变量 $x \in [a,b]$、$\mu_{\lambda i}(x) \in [0,1]$ 的一类模糊函数，图像如图 4.23 所示。

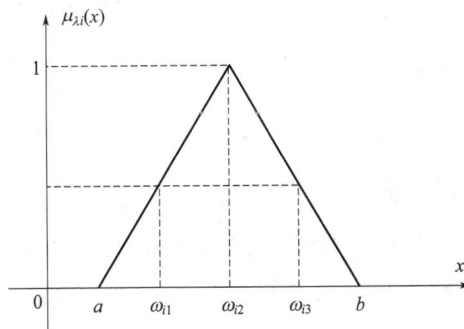

图 4.23　三角隶属函数的图像

$\mu_{\lambda i}(x)$ 的计算方法如公式（4.6）所示，模糊变迁实施强度 λ_i 可以用三元组 $(\omega_{i1}, \omega_{i2}, \omega_{i3})$ 来表示。其中，ω_{i2} 为 $\mu_{\lambda i}(x)$ 的最大隶属度，即 $\mu_{\lambda i}(\omega_{i2}) = 1$；$\omega_{i1}$、$\omega_{i3}$ 分别隶属度下限、上限。其 α 截集定义为：$\psi(\alpha) = [\omega_{i1}(\alpha), \omega_{i2}(\alpha)]$ 实质上定义了一个信任区间并可以写为 $\psi(\alpha) = [\omega_{i1} + (\omega_{i2} - \omega_{i1})\alpha, \omega_{i3} - (\omega_{i3} - \omega_{i2})\alpha]$。

$$\mu_{\lambda i}(x) = \begin{cases} \dfrac{x - \omega_{i1}}{\omega_{i2} - \omega_{i1}} & \omega_{i1} \leqslant x \leqslant \omega_{i2} \\[3mm] \dfrac{\omega_{i3} - x}{\omega_{i3} - \omega_{i2}} & \omega_{i2} \leqslant x \leqslant \omega_{i3} \\[3mm] 0 & \text{otherwise} \end{cases} \tag{4.6}$$

（四）事故决策静态分析

事故决策静态分析，主要在利用马尔可夫链计算事故稳态概率的基础上，分析随机 Petri 网系统中库所繁忙率和变迁利用率两个性能参数。

（1）库所繁忙率。库所繁忙率由标记概率密度函数来反映，是指在马尔可夫链稳定状态下，每个库所 p 包含 token 数量的概率，代表系统运行的信息量大小，计算方法如公式（4.7）所示。针对重大灾害事故应急救援而言，库所繁忙率实质是不同灾情演化阶段，救援主体处于忙碌状态的概率。库所繁忙率数值越大，代表相应的救援主体的任务量越大、越忙碌。

$$P[M(p) = i] = \sum_j p[M_j] \tag{4.7}$$

（2）变迁利用率。变迁利用率是指变迁 t 具备使能条件的所有标识 M 的稳定概率之和，计算方法如公式（4.8）所示。针对重大灾害事故应急救援而言，变迁利用率实质上是不同应急救援指挥决策的利用效率。变迁利用率数值越大，代表相应的应急救援指挥决策利用效率越高。

$$U(t) = \sum_M P[M] \tag{4.8}$$

（五）事故决策动态优化

事故决策动态优化是指改变某一决策的实施强度，利用公式（4.5）、公式（4.6），计算灾情的稳态概率，分析决策强度动态变化过程中不同灾情状态稳态概率的变化情况，得到决策变化与灾情状态演化之间的动态关系。

事故处置过程中，不同阶段的应急目标和应急决策不同。通过分析决策变化与灾情状态演化之间的动态关系，可以实现针对性改变某些关键决策状态，最大程度地提升事故处置效率，促进事故情景朝着理想的方向演变的目的。例如在石油化工火灾扑救过程中，常见有冷却灭火、关阀断料、筑堤围堵等技战术措施，通过改变筑堤围堵的实施强度，分析与冷却灭火、关阀断料、事故处置的关联性和影响作用，从而在事故不同处置阶段，合理确定应急决策的实施强度，科学实施应急救援行动。

第五节
实例分析

以 2010 年大连 "7·16" 油库爆炸火灾事故为例进行分析。首先，通过资料收集、实地调研等途径，了解此次事故处置的基本情况，分析事故的典型特点；其次，构建基于特征要素的关键情景演变链路图，并利用随机 Petri 网理论，实现情景的动态模拟表达和重构；最后，根据马尔可夫链、模糊数学等理论，构建决策分析与优化模型，研究决策强度变化与灾情状态演化之间的动态关系，实现针对性改变某些关键决策，提升事故处置效率的目的。

一、事故情况介绍及特点分析

（一）事故情况介绍

2010 年大连 "7·16" 油库爆炸火灾事故，不仅造成作业人员 1 人轻伤、1 人失踪，消防员 1 人牺牲、1 人重伤，直接经济损失达 22330.19 万元，而且在大气、海水等生态环境保护，养殖、旅游等社会经济发展方面，产生恶劣影响，属于重特大火灾事故。

此次事故，辽宁省消防救援总队先后调集 14 个消防救援支队、17 个企事业专职消防队、348 台消防车辆、2380 余名消防员参与事故处置。经过约 15 个小时的艰苦奋战，罐区火势于 17 日 8 时 20 分得到有效控制，9 时 55 分被全部扑灭，成功保护了受威胁罐区、码头乃至整个大连地区的安全，图 4.24 为实际现场救援照片。

（二）事故特点分析

（1）原油带压运行、火势蔓延途径多，堵截消灭流淌火难。事故爆炸使多个阀组联箱被烧毁，不能及时关闭阀门，导致大量原油带压运行。输油管线多次爆炸爆裂，从破裂处喷涌燃烧形成的流淌火，沿输油管线、管沟、排污渠、坡地面等多种途径扩散，在地下空间、地面罐区、码头海域等区域，形成约 6 万平方米的流淌火，堵截消灭难。

图 4.24　大连"7·16"油库爆炸火灾事故灭火救援片段

（2）热辐射持续作用、着火罐体坍塌变形，冷却控制着火罐难。在火势的持续烘烤作用下，重点灭火对象 T103♯着火罐内浮船挤压变形，发生罐体坍塌。一方面，罐体和浮船变形，导致灭火剂很难直接喷射到燃烧的液面上；另一方面，沿管壁注入的泡沫液被高温迅速破坏，导致灭火剂难以达到有效覆盖、控制燃烧的效果，冷却控制难。

（3）罐区布局密集复杂、立体燃烧产生热辐射，冷却保护毗邻罐区难。库区内输油管线成组布置、纵横交错，火势蔓延通过地底、地面等多种途径，形成区域立体燃烧态势，产生大量、隐蔽的火点，释放大量热辐射，严重威胁毗邻的南海罐区、国家原油储备库等，冷却保护毗邻罐区难。

二、事故区域灾害链演化机理分析

此次火灾事故爆发的直接原因主要包括两方面，一是违规在输油管道上进行加注"脱硫化氢剂"的作业；二是违规在油轮停止卸油的情况下继续加注"脱硫化氢剂"。

事故演化是不同区域灾情耦合作用的结果。"划分作战区域、实施分级指挥"是此次事故成功处置的关键要素之一。依据辽宁省消防救援总队的灭火救援战例资料和相关文献资料，将此次事故影响范围划分为四个区域，如图 4.25 所示。

承灾体属性状态的变化，体现不同区域灾情的演化。将事故的演化过程划分为初期、发展、消灭监护三个阶段，其中共有 8 个承灾体属性状态受到影响，如图 4.26 所示。

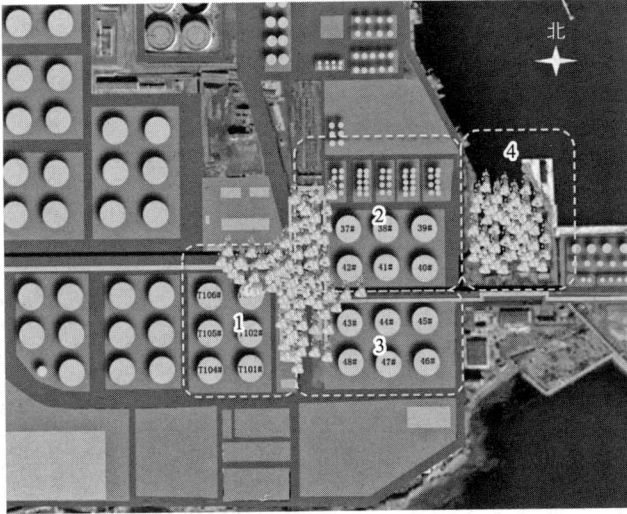

图 4.25 大连 "7·16" 油库爆炸火灾事故火势情况及主要威胁区域示意图

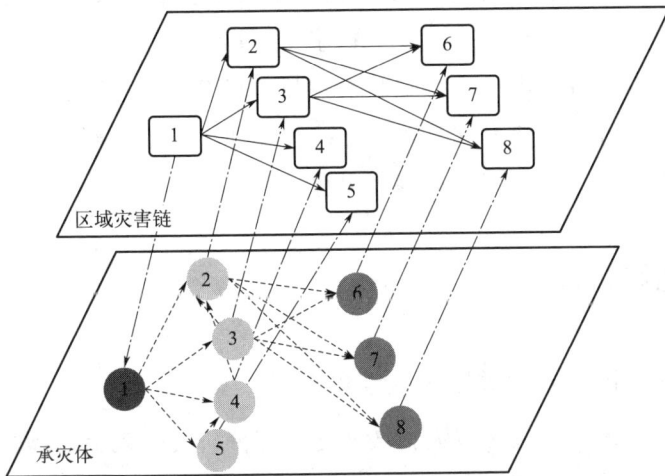

图 4.26 基于承灾体的大连 "7·16" 油库爆炸火灾事故区域灾害链演化机理分析

（一）事故初期阶段

此次火灾事故是由于 "脱硫化氢剂" 在输油管线内局部富集，发生强氧化反应，导致输油管道发生爆炸（①）。随后，一方面，大量原油从管道泄漏形成流淌火（②），威胁毗邻罐区，另一方面，火势沿输油管线向罐区蔓延，最终引发 T103♯油罐起火燃烧（③）、部分阀组联箱被烧毁（④）。同时，泄漏油品沿排水、排污管道进入码头海域，形成海面污染及海面流淌火（⑤）。

（二）事故发展阶段

一是由于阀组联箱被烧毁，原油带压运行，导致油品从输油管线爆炸爆裂处喷涌燃烧，形成大面积流淌火；二是 T103＃油罐冷却力量不足，油罐猛烈燃烧，导致浮船挤压变形、罐体发生坍塌、大量原油外溢，形成大面积流淌火；三是地面流淌火控制不力，沿管沟、排污渠、坡地面等多种途径扩散，形成地下空间、地面罐区、码头海域等区域立体火势；四是海面流淌火形成后，威胁周边泵房、变电室，影响关阀断料等工艺措施的实施；五是中联油大连储备库、南海罐区、国家原油储备库与事故现场距离较近，大量的热辐射，严重威胁毗邻的油罐、输油管线。其中，主要包括 T102＃、T106＃油罐及周围的输油管线（⑥）、T037＃、T042＃油罐及周围的输油管线（⑦）、T048＃、T043＃油罐及周围的输油管线（⑧）。

（三）事故消灭监护阶段

在增援力量到场后，按照图 4.25 所示的四个区域分别针对性部署救援力量，待 T103＃油罐火势（③）、受威胁的油罐温度（⑥、⑦、⑧）、地面（②）、海面（⑤）流淌火火势得到基本控制，阀组已经关闭（④）后，整合现场救援力量，对罐区火势发起总攻，并持续冷却火场重点部位、地毯式排查是否存在未扑灭的余火，彻底扑灭罐区火势。

三、事故情景构建

（一）基于情景元的关键事故情景表示

在基于承灾体的事故区域灾害链演化机理分析的基础上，综合考虑事故灾情演化、应急决策变化等因素，按照事故处置的时间顺序，将事故情景演变过程划分为如图 4.27 所示的 6 个关键情景、15 个情景元：致灾因子要素（D）为：脱硫剂注入方法不规范（D_1）、接卸过程不规范（D_2）。

（1）关键情景 1：16 日 18 时 12 分。

情景元 1：灾情状态要素为输油管线爆炸起火（C_1）；承灾体要素为 T103＃油罐（H_1）、输油管线（H_2）、罐区阀组（H_3）、海水环境（H_4）。应急救援活动要素为消防救援队伍接警出动（R_1）。

（2）关键情景 2：16 日 18 时 19 分。

情景元 2：灾情状态要素为 T103＃油罐起火燃烧（C_2）；承灾体要素为

T103♯油罐（H_5），T102♯、T106♯油罐（H_6），T037♯、T042♯油罐（H_7），T043♯、T048♯油罐（H_8）。应急救援活动要素为冷却抑爆（R_2）。

情景元3：灾情状态要素为流淌火（C_3）；承灾体要素为T103♯油罐（H_5），T102♯、T106♯油罐（H_6），T037♯、T042♯油罐（H_7），T043♯、T048♯油罐（H_8），泄漏但未燃烧油品（H_9）。应急救援活动要素为堵截消灭流淌火（R_3）。

情景元4：灾情状态要素为原油带压运行（C_4）；承灾体要素为罐区管线内油品（H_{10}）。应急救援活动要素为关阀断料（R_4）。

情景元5：灾情状态要素为海面油品污染及海面流淌火（C_5）；承灾体要素为海水环境（H_{11}）。应急救援活动要素为消灭海面流淌火（R_5）。

（3）关键情景3：16日21时30分。

情景元6：灾情状态要素为T103♯油罐持续燃烧（C_6）；承灾体要素为T103♯油罐（H_{12}）。应急救援活动要素全力控制T103♯油罐火势（R_6）。

情景元7：灾情状态要素为T102♯、T106♯油罐受到火势威胁（C_7）；承灾体要素为T102♯、T106♯油罐（H_{13}）。应急救援活动要素为冷却T102♯、T106♯油罐罐体，预防爆炸（R_7）。

情景元8：灾情状态要素为T037♯、T042♯油罐受到火势威胁（C_8）；承灾体要素为T037♯、T042♯油罐（H_{14}）。应急救援活动要素为冷却T037♯、T042♯油罐罐体，预防爆炸（R_8）。

情景元9：灾情状态要素为T043♯、T048♯油罐受到火势威胁（C_9）；承灾体要素为T043♯、T048♯油罐（H_{15}）。应急救援活动要素为冷却T037♯、T042♯油罐罐体，预防爆炸（R_9）。

情景元10：灾情状态要素为罐区大量地面流淌火（C_{10}）；承灾体要素为地面燃烧油品（H_{16}）。应急救援活动要素为消灭地面流淌火（R_{10}）。

（4）关键情景4：17日8时20分。

情景元11：灾情状态要素为罐区火势得到基本控制（C_{11}）；承灾体要素为罐区、海面燃烧区域（H_{17}）。应急救援活动要素为调整罐区力量、发起总攻（R_{11}）。

情景元12：灾情状态要素为阀组成功关闭（C_{12}）；承灾体要素为罐区、海面燃烧区域（H_{17}）。应急救援活动要素调整关阀力量、发起总攻（R_{11}）。

情景元13：灾情状态要素为海面流淌火得到基本控制（C_{13}）；承灾体要素为罐区、海面燃烧区域（H_{17}）。应急救援活动要素调整海面力量、发起总攻

（R_{12}）。

（5）关键情景 5：17 日 9 时 55 分。

情景元 14：灾情状态要素为现场火势全部扑灭（C_{14}）；承灾体要素为整个事故区域（H_{18}）。应急救援活动要素为现场监护（R_{13}）。

（6）关键情景 6：20 日 8 时 50 分。

情景元 15：灾情状态要素为事故处置完毕（C_{15}）。

（二）基于特征要素的事故情景演变路径分析

通过提取上述 6 个关键情景及 15 个情景元，可以得到如图 4.27 所示的基于特征要素的大连"7·16"油库火灾情景演变链路图。

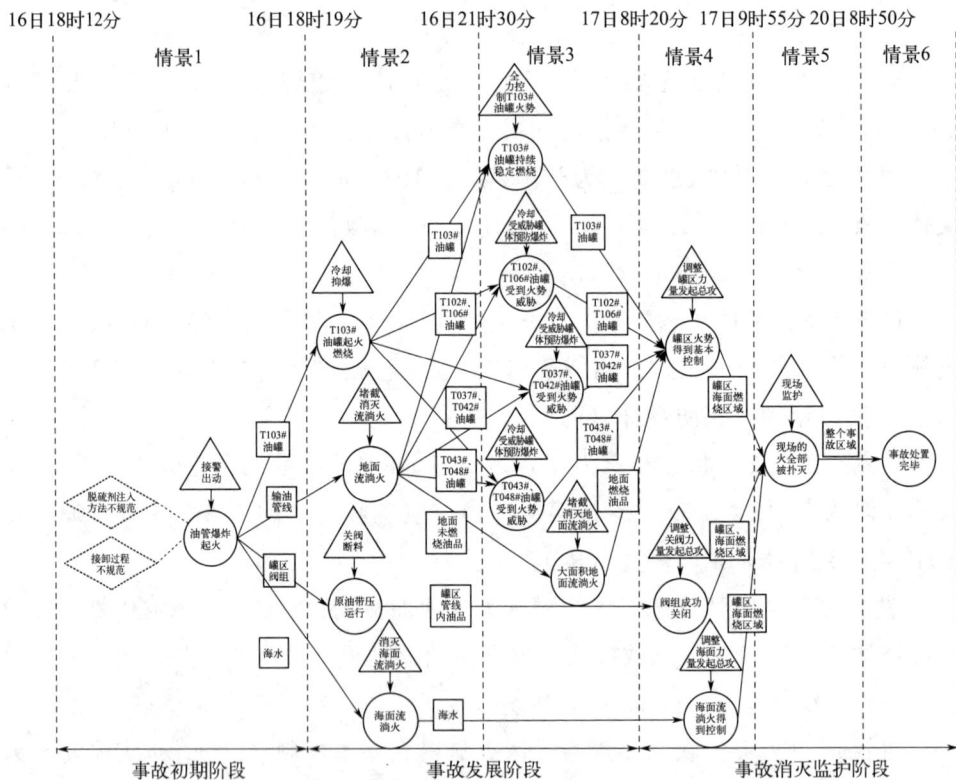

图 4.27　基于特征要素的大连"7·16"油库爆炸火灾事故情景演变链路图

（1）关键情景 1→关键情景 2。关键情景 1→关键情景 2 为并发关系。输油管线爆炸后，产生大量冲击波和热辐射，主要作用于 T103♯油罐、输油管线、罐区阀组、海水四个承灾体要素，引发 T103♯油罐起火燃烧、输油管线爆炸产生地面流淌火、原油带压运行、海面流淌火等灾情。

（2）关键情景 2→关键情景 3。关键情景 2→关键情景 3 中存在耦合关系和顺序关系。其中，耦合关系为 T103＃油罐燃烧和地面流淌火共同产生热辐射，促进 T103＃油罐稳定燃烧，威胁 T102＃、T106＃油罐，威胁 T037＃、T042＃油罐，威胁 T043＃、T048＃油罐。顺序关系为地面流淌火未堵截成功，引燃地面未燃烧油品，引发大面积流淌火。

（3）关键情景 2→关键情景 4。关键情景 2→关键情景 4 为顺序关系。原油带压运行状态下，通过关阀断料，阀组成功关闭，减少罐区内油品的持续输送；海面流淌火通过协调海事部门出动消防艇和拖消两用船，成功控制海面流淌火。

（4）关键情景 3→关键情景 4。关键情景 3→关键情景 4 为汇集关系。通过全力控制 T103＃油罐火势、冷却受威胁油罐、消灭地面流淌火等灭火技战术措施，产生的影响作用于 T103＃油罐，受火势威胁的 T102＃、T106＃、T037＃、T042＃、T043＃、T048＃油罐，大量的地面流淌火，使罐区火势被有效控制。

（5）关键情景 4→关键情景 5。关键情景 4→关键情景 5 为汇集关系。在罐区火势被控制、成功关阀断料、海面流淌火被控制的基础上，通过汇集调整各区域力量部署，向整个事故现场发起总攻。

（6）关键情景 5→关键情景 6。关键情景 5→关键情景 6 为顺序关系。在整个火场被扑灭的基础上，将事故现场的灭火措施转为现场监护，直至事故处置完毕。

（三）基于随机 Petri 网的事故情景链路图构建

在图 4.27 的基础上，根据随机 Petri 网理论中库所、token、变迁与特征要素之间的关系，可得到图 4.28 所示的基于随机 Petri 网的大连"7·16"油库爆炸火灾事故情景演变链路图。

其中，图 4.28 所示的基于随机 Petri 网的情景演变链路图中库所、变迁含义如表 4.4 和表 4.5 所示。

表 4.4　链路图中库所的含义

库所	含义	库所	含义
p_1	输油管线爆炸起火	p_4	大面积流淌火
p_2	消防救援队伍到达事故现场	p_5	原油带压运行
p_3	T103＃油罐猛烈燃烧	p_6	产生海面流淌火和海面污染

库所	含义	库所	含义
p_7	T103#油罐火势强度下降	p_{11}	罐区地面流淌火强度下降
p_8	T106#、T102油罐受烘烤强度下降	p_{12}	流淌火火势得到控制
p_9	T037#、T042油罐受烘烤强度下降	p_{13}	罐区火势得到控制
p_{10}	T043#、T048油罐受烘烤强度下降	p_{14}	火被扑灭

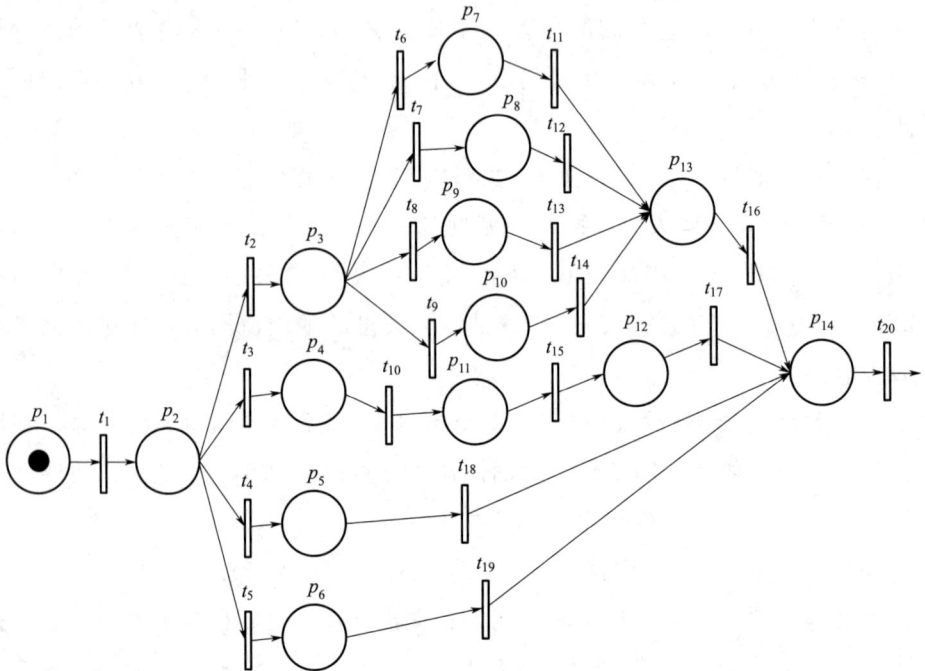

图 4.28 基于随机 Petri 网的大连"7·16"油库爆炸火灾事故情景演变链路图

表 4.5 链路图中变迁的含义

变迁	含义	变迁	含义
t_1	接警出动	t_{11}	动态调整处置 T103#油罐力量
t_2	冷却 T103#油罐	t_{12}	动态调整处置 T102#、T106#油罐力量
t_3	堵截消灭流淌火	t_{13}	动态调整处置 T037#、T042#油罐力量
t_4	关阀断料	t_{14}	动态调整处置 T043#、T048#油罐力量
t_5	控制海面火势和污染	t_{15}	动态调整处置流淌火力量
t_6	增加 T103#油罐冷却力量	t_{16}	调整扑救油罐区域力量,发起总攻
t_7	增加冷却 T102#、T106#油罐的灭火力量	t_{17}	调整扑救流淌火力量,发起总攻
t_8	增加冷却 T037#、T042#油罐的灭火力量	t_{18}	调整关阀断料力量,发起总攻
t_9	增加冷却 T043#、T048#油罐的灭火力量	t_{19}	调整海面火势力量,发起总攻
t_{10}	增加消灭地面流淌火的力量	t_{20}	队伍休整、恢复执勤状态

四、事故决策分析与优化

在利用情景元表示事故情景、特征要素分析事故情景演变路径、随机 Petri 网构建事故情景的基础上，利用随机 Petri 网与马尔可夫链的同构关系，构建决策优化模型，利用三角模糊数理论，优化稳态概率计算。通过计算库所繁忙率、变迁利用率，静态分析事故处置过程的灾情状态和应急决策；通过计算单一决策实施强度变化下，不同灾情的稳态概率，动态分析事故决策与灾情演化之间的关系，优化应急决策指挥、提高事故处置效率。

（一）事故决策分析与优化模型构建

利用随机 Petri 网理论，在构建事故情景的基础上，计算关联矩阵 C、网络标示矩阵 M、触发向量 U 的数值，通过公式(4.3)，依次求解 M_{n+1} 和 M_n 状态的状态参数，可以得到与随机 Petri 网同构的马尔可夫链模型前后状态之间的转移关系，从而构造基于马尔可夫链的事故决策分析与优化模型。

（1）事故情景关联矩阵。根据前后事故状态与变迁之间的连接关系，利用公式(4.2)，可得到关联矩阵 C 如下：

$$
C = \begin{bmatrix}
-1 & 0 & 0 & 0 & 0 & 0 & 0 & 0 & 0 & 0 & 0 & 0 & 0 & 0 & 0 & 0 & 0 & 1 \\
1 & -1 & -1 & -1 & -1 & 0 & 0 & 0 & 0 & 0 & 0 & 0 & 0 & 0 & 0 & 0 & 0 & 0 \\
0 & 1 & 0 & 0 & 0 & -1 & -1 & -1 & -1 & 0 & 0 & 0 & 0 & 0 & 0 & 0 & 0 & 0 \\
0 & 0 & 1 & 0 & 0 & 0 & 0 & 0 & 0 & -1 & 0 & 0 & 0 & 0 & 0 & 0 & 0 & 0 \\
0 & 0 & 0 & 1 & 0 & 0 & 0 & 0 & 0 & 0 & 0 & 0 & 0 & 0 & -1 & 0 & 0 & 0 \\
0 & 0 & 0 & 0 & 1 & 0 & 0 & 0 & 0 & 0 & 0 & 0 & 0 & 0 & 0 & -1 & 0 & 0 \\
0 & 0 & 0 & 0 & 0 & 1 & 0 & 0 & 0 & 0 & -1 & 0 & 0 & 0 & 0 & 0 & 0 & 0 \\
0 & 0 & 0 & 0 & 0 & 0 & 1 & 0 & 0 & 0 & 0 & -1 & 0 & 0 & 0 & 0 & 0 & 0 \\
0 & 0 & 0 & 0 & 0 & 0 & 0 & 1 & 0 & 0 & 0 & 0 & -1 & 0 & 0 & 0 & 0 & 0 \\
0 & 0 & 0 & 0 & 0 & 0 & 0 & 0 & 1 & 0 & 0 & 0 & 0 & -1 & 0 & 0 & 0 & 0 \\
0 & 0 & 0 & 0 & 0 & 0 & 0 & 0 & 0 & 1 & 0 & 0 & 0 & -1 & 0 & 0 & 0 & 0 \\
0 & 0 & 0 & 0 & 0 & 0 & 0 & 0 & 0 & 0 & 1 & 0 & -1 & 0 & 0 & 0 & 0 & 0 \\
0 & 0 & 0 & 0 & 0 & 0 & 0 & 0 & 0 & 1 & 1 & 1 & 1 & -1 & 0 & 0 & 0 & 0 \\
0 & 0 & 0 & 0 & 0 & 0 & 0 & 0 & 0 & 0 & 0 & 0 & 0 & 1 & 1 & 1 & 1 & -1
\end{bmatrix}
$$

（2）网络标示矩阵。根据图 4.28 所示的情景演变链路图可知，库所 p_1 仅有输油管线爆炸起火一个灾情状态，因此初始状态 p_1 仅含有 1 个 token。由此可知初始状态矩阵 M_0 如下：

$$\boldsymbol{M}_0 = (1,0,0,0,0,0,0,0,0,0,0,0,0,0,0,0,0,0,0,0,0,0)^{\mathrm{T}}$$

（3）触发向量。根据图 4.28 所示的情景演变链路图可知，触发向量 $\boldsymbol{U}_1$ 如下所示：

$$\boldsymbol{U}_1 = (1,0,0,0,0,0,0,0,0,0,0,0,0,0,0)$$

（4）状态集计算及决策优化模型生成。根据公式(4.3) 可以得到：

$$\boldsymbol{M}_1 = \boldsymbol{M}_0 + \boldsymbol{C}\boldsymbol{U}_1 = \begin{vmatrix}1\\0\\0\\0\\0\\0\\0\\0\\0\\0\\0\\0\\0\\0\end{vmatrix} + \begin{vmatrix}-1&0&0&0&0&0&0&0&0&0&0&0&0&0&1\\1&-1&-1&-1&-1&0&0&0&0&0&0&0&0&0&0\\0&1&0&0&0&-1&-1&-1&-1&0&0&0&0&0&0\\0&0&1&0&0&0&0&0&-1&0&0&0&0&0&0\\0&0&0&1&0&0&0&0&0&0&0&-1&0&0\\0&0&0&0&1&0&0&0&0&0&0&0&-1&0\\0&0&0&0&0&1&0&0&0&-1&0&0&0&0&0\\0&0&0&0&0&0&1&0&0&0&-1&0&0&0&0\\0&0&0&0&0&0&0&1&0&0&0&-1&0&0&0\\0&0&0&0&0&0&0&0&1&0&0&0&-1&0&0&0\\0&0&0&0&0&0&0&0&0&1&0&0&0&-1&0&0\\0&0&0&0&0&0&0&0&0&0&1&0&-1&0&0\\0&0&0&0&0&0&0&0&1&1&1&1&0&-1&0&0&0\\0&0&0&0&0&0&0&0&0&0&0&0&1&1&1&1&-1\end{vmatrix} \begin{vmatrix}1\\0\\0\\0\\0\\0\\0\\0\\0\\0\\0\\0\\0\\0\\0\end{vmatrix} = \begin{vmatrix}0\\1\\0\\0\\0\\0\\0\\0\\0\\0\\0\\0\\0\\0\end{vmatrix}$$

从 $\boldsymbol{M}_0 = (1,0,0,0,0,0,0,0,0,0,0,0,0,0,0,0,0,0,0,0,0,0)^{\mathrm{T}}$ 变化到 $\boldsymbol{M}_1 = (0,1,0,0,0,0,0,0,0,0,0,0,0,0,0,0,0,0,0,0,0,0)^{\mathrm{T}}$ 可以看出，p_1 的 token 转移到了 p_2 中。依此计算可以得到表 4.6 所示的状态集。根据状态集之间的变化，得到图 4.29 所示的决策分析及优化模型。

表 4.6　马尔可夫链的状态集

状态	p_1	p_2	p_3	p_4	p_5	p_6	p_7	p_8	p_9	p_{10}	p_{11}	p_{12}	p_{13}	p_{14}
M_1	0	0	0	0	0	0	0	0	0	0	0	0	0	0
M_2	1	0	0	0	0	0	0	0	0	0	0	0	0	0
M_3	0	1	0	0	0	0	0	0	0	0	0	0	0	0
M_4	0	0	1	0	0	0	0	0	0	0	0	0	0	0
M_5	0	0	0	1	0	0	0	0	0	0	0	0	0	0
M_6	0	0	0	0	1	0	0	0	0	0	0	0	0	0
M_7	0	0	0	0	0	1	0	0	0	0	0	0	0	0
M_8	0	0	0	0	0	0	1	0	0	0	0	0	0	0
M_9	0	0	0	0	0	0	0	1	0	0	0	0	0	0
M_{10}	0	0	0	0	0	0	0	0	1	0	0	0	0	0
M_{11}	0	0	0	0	0	0	0	0	0	1	0	0	0	0
M_{12}	0	0	0	0	0	0	0	0	0	0	1	0	0	0
M_{13}	0	0	0	0	0	0	0	0	0	0	0	1	0	0
M_{14}	0	0	0	0	0	0	0	0	0	0	0	0	1	0

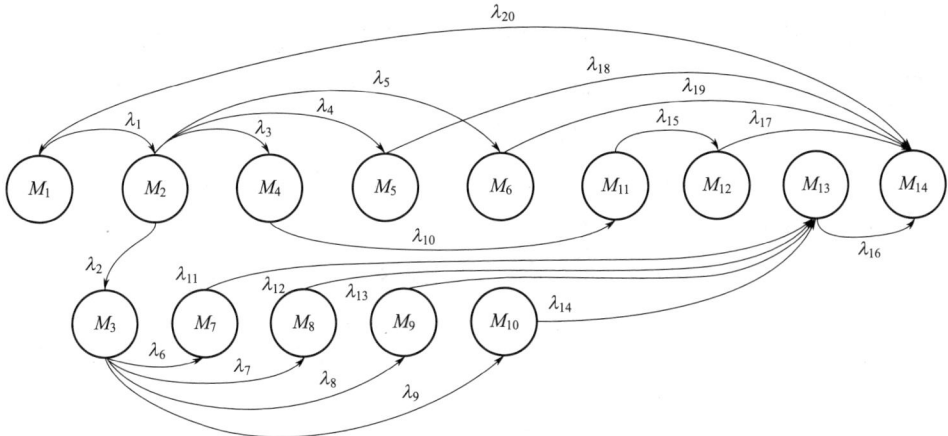

图 4.29　基于马尔可夫链的大连"7·16"油库火灾事故决策优化模型

（二）基于模糊数学的事故稳态概率计算

大连"7·16"油库爆炸火灾事故，于 2010 年 7 月 16 日 18 时 12 分发生，17 日 9 时 55 分被扑灭，处置用时约 943min。其中：

（1）大连支队接到报警后，于 16 日 18 时 19 分到达事故现场，接警出动（t_1）持续时间约 7min。

（2）抵达现场后，发现主要灾情为 T103♯油罐起火燃烧、管线爆炸产生地面流淌火、海面出现油品污染和海面流淌火等，采取的灭火救援指挥主要为冷却 T103♯油罐（t_2）、堵截消灭流淌火（t_3）、关阀断料（t_4）、控制海面油品泄漏及火势（t_5）。但是，由于冷却、控制火势发展的力量不足，造成 T103♯油罐猛烈燃烧、产生大量地面流淌火，释放的热辐射严重威胁毗邻油罐。增援力量于 21 时 30 分抵达现场后，主要调整油罐和流淌火的力量部署。因此冷却 T103♯油罐（t_2）、堵截消灭流淌火（t_3）持续时间为 191min。

（3）增援力量抵达现场后，调整灭火救援指挥，将事故现场划分为四个区域，分别强化对 T103♯油罐（t_6）、受热辐射威胁油罐（t_7、t_8、t_9）、地面流淌火（t_{10}）的冷却和控制强度。同时，不断调整各区域的力量部署（t_{11}、t_{12}、t_{13}、t_{14}）。其中，强化 T103♯油罐（t_6）、受热辐射威胁油罐（t_7、t_8、t_9）、流淌火（t_{10}）冷却、控制力量持续时间约 190 分钟；动态调整罐区力量部署（t_{11}、t_{12}、t_{13}、t_{14}）、调整流淌火力量部署（t_{15}）持续约 460min。

（4）此次事故中，由于阀组损坏，加之泵房、变电室等遭受大量流淌火威胁，关阀断料（t_4）用时 720min。海面油品污染清理及流淌火火势控制持续时间约 841min。

（5）17 日 8 时 20 分，在阀组已经关闭、各区域火势得到控制、人员装备等准备充足的情况下，调整参战力量（t_{16}、t_{17}、t_{18}、t_{19}），发起总攻，于 9 时 55 分大火被扑灭，总攻持续时间约 95min。

（6）火灾处置完毕后，消防救援队伍将休整、恢复执勤状态（t_{20}），假设所用时间为 360min。

根据公式（4.4）可以计算得到变迁实施相对强度，如表 4.7 所示。

表 4.7 决策实施相对强度

变迁	相对强度	变迁	相对强度	变迁	相对强度	变迁	相对强度
λ_1	18.000	λ_6	6.858	λ_{11}	2.833	λ_{16}	13.716
λ_2	6.822	λ_7	6.858	λ_{12}	2.833	λ_{17}	13.716
λ_3	6.822	λ_8	6.858	λ_{13}	2.833	λ_{18}	13.716
λ_4	1.810	λ_9	6.858	λ_{14}	2.833	λ_{19}	13.716
λ_5	1.549	λ_{10}	6.858	λ_{15}	2.833	λ_{20}	3.619

利用式（4.5）所示的 Markov 定理和 Chapman-Kolmogorov 方程，可以得到稳态概率计算公式，如下公式所示：

$$
\begin{cases}
\lambda_1 P(M_1) = (\lambda_2 + \lambda_3 + \lambda_4 + \lambda_5) P(M_2) \\
\lambda_2 P(M_2) = (\lambda_6 + \lambda_7 + \lambda_8 + \lambda_9) P(M_3) \\
\lambda_3 P(M_2) = \lambda_{10} P(M_4) \\
\lambda_4 P(M_2) = \lambda_{18} P(M_5) \\
\lambda_5 P(M_2) = \lambda_{19} P(M_6) \\
\lambda_6 P(M_3) = \lambda_{11} P(M_7) \\
\lambda_7 P(M_3) = \lambda_{12} P(M_8) \\
\lambda_8 P(M_3) = \lambda_{13} P(M_9) \\
\lambda_9 P(M_3) = \lambda_{14} P(M_{10}) \\
\lambda_{10} P(M_4) = \lambda_{15} P(M_{11}) \\
\lambda_{11} P(M_7) + \lambda_{12} P(M_8) + \lambda_{13} P(M_9) + \lambda_{14} P(M_{10}) = \lambda_{16} P(M_{13}) \\
\lambda_{15} P(M_{11}) = \lambda_{17} P(M_{12}) \\
\lambda_{18} P(M_5) + \lambda_{19} P(M_6) + \lambda_{17} P(M_{12}) + \lambda_{16} P(M_{13}) = \lambda_{20} P(M_{14}) \\
\sum_{i=1}^{14} P(M_i) = 1
\end{cases}
$$

考虑到救援过程的复杂性，以及决策实施相对强度是依据决策实施时间计算而来，将不可避免地遗漏一些关键信息。因此，本章利用三角模糊数理论，求解上述状态方程。

首先，分别对 λ_1、λ_{16}、λ_{17}、λ_{18}、λ_{19} 采用 $\pm5\%$，λ_2、λ_6、λ_7、λ_8、λ_9、λ_{10} 采用 $\pm10\%$，λ_{20} 采用 $\pm15\%$，λ_4、λ_5、λ_{11}、λ_{12}、λ_{13}、λ_{14}、λ_{15} 采用 $\pm20\%$ 的模糊化程度作为上下限，由此得到变迁实施强度的三角模糊数：

$$\widetilde{\lambda}_1=(17.100,18.000,18.900),\widetilde{\lambda}_2=\widetilde{\lambda}_3=(6.140,6.822,7.504),$$

$$\widetilde{\lambda}_4=(1.448,1.810,2.172),\widetilde{\lambda}_5=(1.240,1.549,1.859),$$

$$\widetilde{\lambda}_6=\widetilde{\lambda}_7=\widetilde{\lambda}_8=\widetilde{\lambda}_9=\widetilde{\lambda}_{10}=(6.172,6.858,7.544)$$

$$\widetilde{\lambda}_{11}=\widetilde{\lambda}_{12}=\widetilde{\lambda}_{13}=\widetilde{\lambda}_{14}=\widetilde{\lambda}_{15}=(2.266,2.833,3.399)$$

$$\widetilde{\lambda}_{16}=\widetilde{\lambda}_{17}=\widetilde{\lambda}_{18}=\widetilde{\lambda}_{19}=(13.030,13.716,14.402),\widetilde{\lambda}_{20}=(3.076,3.619,4.162)$$

随后，将上述状态概率方程转化为模糊状态概率方程，利用三角隶属函数表示模糊数。其中，$\psi^{(a)}=[\omega_{i1}^{(a)},\ \omega_{i2}^{(a)}]$ 为三角模糊数 $(\omega_{i1},\omega_{i2},\omega_{i3})$ 的 α 截集，$\psi^{(a)}=[\omega_{i1}+(\omega_{i2}-\omega_{i1})\alpha,\omega_{i3}-(\omega_{i3}-\omega_{i2})\alpha]$ 表示三角模糊数 $(\omega_{i1},\omega_{i2},\omega_{i3})$ 的一个信任区间。

其次，取稳定概率之和为1，采用 $\pm10\%$ 的模糊化程度进行模糊化处理得到三角模糊数 $(0.9,1,1.1)$，令 α 截距为 $0\sim1$，步长为 0.1，可以计算出模糊稳定状态概率 $\widetilde{P}(M_i)$ 的 $\widetilde{P}(M_i)$ 信任区间如表4.8所示。

表 4.8　模糊稳定状态概率的信仟区间

α	$\widetilde{P}(M_1)$	$\widetilde{P}(M_2)$	$\widetilde{P}(M_3)$	$\widetilde{P}(M_4)$	$\widetilde{P}(M_5)$
0	(0.0541,0.0817)	(0.0619,0.0811)	(0.0154,0.0202)	(0.0615,0.0807)	(0.0069,0.0122)
0.1	(0.0549,0.0810)	(0.0622,0.0809)	(0.0155,0.0201)	(0.0619,0.0805)	(0.0070,0.0121)
0.2	(0.0556,0.0804)	(0.0625,0.0807)	(0.0155,0.0201)	(0.0622,0.0803)	(0.0072,0.0119)
0.3	(0.0563,0.0797)	(0.0628,0.0805)	(0.0156,0.0200)	(0.0625,0.0801)	(0.0074,0.0117)
0.4	(0.0570,0.0790)	(0.0631,0.0803)	(0.0157,0.0200)	(0.0627,0.0799)	(0.0075,0.0115)
0.5	(0.0577,0.0782)	(0.0633,0.0801)	(0.0158,0.0199)	(0.0630,0.0797)	(0.0077,0.0113)
0.6	(0.0584,0.0775)	(0.0636,0.0799)	(0.0158,0.0199)	(0.0633,0.0795)	(0.0079,0.0112)
0.7	(0.0590,0.0768)	(0.0639,0.0797)	(0.0159,0.0198)	(0.0635,0.0792)	(0.0080,0.0110)
0.8	(0.0597,0.0760)	(0.0641,0.0794)	(0.0159,0.0197)	(0.0638,0.0790)	(0.0082,0.0108)
0.9	(0.0603,0.0753)	(0.0643,0.0792)	(0.0160,0.0197)	(0.0640,0.0787)	(0.0084,0.0106)
1.0	(0.0610,0.0745)	(0.0646,0.0789)	(0.0161,0.0196)	(0.0642,0.0785)	(0.0085,0.0104)
α	$\widetilde{P}(M_6)$	$\widetilde{P}(M_7)$	$\widetilde{P}(M_8)$	$\widetilde{P}(M_9)$	$\widetilde{P}(M_{10})$
0	(0.0059,0.0105)	(0.0419,0.0448)	(0.0419,0.0448)	(0.0419,0.0448)	(0.0419,0.0448)
0.1	(0.0060,0.0103)	(0.0415,0.0450)	(0.0415,0.0450)	(0.0415,0.0450)	(0.0415,0.0450)
0.2	(0.0062,0.0102)	(0.0412,0.0453)	(0.0412,0.0453)	(0.0412,0.0453)	(0.0412,0.0453)

α	$\tilde{P}(M_6)$	$\tilde{P}(M_7)$	$\tilde{P}(M_8)$	$\tilde{P}(M_9)$	$\tilde{P}(M_{10})$
0.3	(0.0063,0.0100)	(0.0409,0.0455)	(0.0409,0.0455)	(0.0409,0.0455)	(0.0409,0.0455)
0.4	(0.0065,0.0099)	(0.0406,0.0458)	(0.0406,0.0458)	(0.0406,0.0458)	(0.0406,0.0458)
0.5	(0.0066,0.0097)	(0.0403,0.0460)	(0.0403,0.0460)	(0.0403,0.0460)	(0.0403,0.0460)
0.6	(0.0067,0.0096)	(0.0400,0.0463)	(0.0400,0.0463)	(0.0400,0.0463)	(0.0400,0.0463)
0.7	(0.0069,0.0094)	(0.0397,0.0466)	(0.0397,0.0466)	(0.0397,0.0466)	(0.0397,0.0466)
0.8	(0.0070,0.0092)	(0.0394,0.0469)	(0.0394,0.0469)	(0.0394,0.0469)	(0.0394,0.0469)
0.9	(0.0072,0.0091)	(0.0391,0.0472)	(0.0391,0.0472)	(0.0391,0.0472)	(0.0391,0.0472)
1.0	(0.0073,0.0089)	(0.0389,0.0475)	(0.0389,0.0475)	(0.0389,0.0475)	(0.0389,0.0475)

α	$\tilde{P}(M_{11})$	$\tilde{P}(M_{12})$	$\tilde{P}(M_{13})$	$\tilde{P}(M_{14})$	
0	(0.1676,0.1791)	(0.0291,0.0423)	(0.0291,0.0423)	(0.3009,0.3710)	
0.1	(0.1662,0.1800)	(0.0295,0.0420)	(0.0295,0.0420)	(0.3013,0.3710)	
0.2	0.1648,0.1810)	(0.0298,0.0417)	(0.0298,0.0417)	(0.3016,0.3711)	
0.3	(0.1635,0.1820)	(0.0301,0.0414)	(0.0301,0.0414)	(0.3019,0.3711)	
0.4	(0.1623,0.1831)	(0.0304,0.0411)	(0.0304,0.0411)	(0.3022,0.3711)	
0.5	(0.1610,0.1842)	(0.0307,0.0408)	(0.0307,0.0408)	(0.3024,0.3710)	
0.6	(0.1598,0.1853)	(0.0310,0.0405)	(0.0310,0.0405)	(0.3026,0.3710)	
0.7	(0.1587,0.1864)	(0.0313,0.0402)	(0.0313,0.0402)	(0.3028,0.3709)	
0.8	(0.1576,0.1876)	(0.0316,0.0399)	(0.0316,0.0399)	(0.3030,0.3709)	
0.9	(0.1565,0.1888)	(0.0318,0.0396)	(0.0318,0.0396)	(0.3031,0.3708)	
1.0	(0.1555,0.1900)	(0.0321,0.0392)	(0.0321,0.0392)	(0.3032,0.3706)	

从而

$$\tilde{P}(M_i)=\begin{bmatrix} 0.0541 & 0.0678 & 0.0817 \\ 0.0619 & 0.0717 & 0.0811 \\ 0.0154 & 0.0178 & 0.0202 \\ 0.0615 & 0.0713 & 0.0807 \\ 0.0069 & 0.0095 & 0.0122 \\ 0.0059 & 0.0081 & 0.0105 \\ 0.0389 & 0.0432 & 0.0475 \\ 0.0389 & 0.0432 & 0.0475 \\ 0.0389 & 0.0432 & 0.0475 \\ 0.0389 & 0.0432 & 0.0475 \\ 0.1555 & 0.1727 & 0.1900 \\ 0.0291 & 0.0357 & 0.0423 \\ 0.0291 & 0.0357 & 0.0423 \\ 0.3009 & 0.3369 & 0.3711 \end{bmatrix}$$

最后，利用区域中心法解模糊数可以得到事故稳定状态概率，如表 4.9 所示。

表 4.9　事故稳定状态概率

状态	相对稳态概率	状态	相对稳态概率	状态	相对稳态概率
$P(M_1)$	0.0679	$P(M_6)$	0.0082	$P(M_{11})$	0.1727
$P(M_2)$	0.0716	$P(M_7)$	0.0432	$P(M_{12})$	0.0357
$P(M_3)$	0.0178	$P(M_8)$	0.0432	$P(M_{13})$	0.0357
$P(M_4)$	0.0712	$P(M_9)$	0.0432	$P(M_{14})$	0.3363
$P(M_5)$	0.0095	$P(M_{10})$	0.0432		

（三）决策分析

在事故稳态概率计算的基础上，利用公式(4.7)、公式(4.8)，可以计算得到库所的繁忙概率和变迁的利用率，如表 4.10、表 4.11 所示，静态分析大连"7·16"油库爆炸火灾事故处置过程中，灾情状态与应急决策之间的关系，为今后处置类似事故提供一定的理论支持。

分析表 4.10 库所繁忙概率可知，库所中 p_{14}、p_{11}、p_4 的繁忙概率最高，即在此次油库爆炸火灾事故处置过程中，流淌火的控制和消灭任务量较大，并且在调整不同区域救援力量发起总攻的过程中救援主体容易忙碌。因此，在今后处置此类事故的过程中，一方面，应当加强对流淌火的控制和消灭；另一方面，应当加强在事故不同的区域灾情基本控制后，对火场主要方面的力量优化调整，来提高事故的处置效率。

表 4.10　库所繁忙概率

库所	繁忙概率	库所	繁忙概率	库所	繁忙概率
$P[M(p_1)=1]$	0.0679	$P[M(p_6)=1]$	0.0082	$P[M(p_{11})=1]$	0.1727
$P[M(p_2)=1]$	0.0716	$P[M(p_7)=1]$	0.0432	$P[M(p_{12})=1]$	0.0357
$P[M(p_3)=1]$	0.0178	$P[M(p_8)=1]$	0.0432	$P[M(p_{13})=1]$	0.0357
$P[M(p_4)=1]$	0.0712	$P[M(p_9)=1]$	0.0432	$P[M(p_{14})=1]$	0.3363
$P[M(p_5)=1]$	0.0095	$P[M(p_{10})=1]$	0.0432		

分析表 4.11 变迁利用率可知，变迁中 t_{20}、t_{15}、t_5、t_4、t_3、t_2、t_{10} 的利用率较高，即在此次油库爆炸火灾事故处置过程中，主要集中于 T103♯ 油罐的火势扑救及力量调整、地面流淌火的火势控制及力量调整、关阀断料的实施、海面火势的控制四方面。因此，在今后处置此类事故的过程中，一方面，要集中于着火油罐及流淌火的控制和扑救；另一方面，也要及时采取工艺处置

措施。

表 4.11　变迁利用率

变迁	利用率	变迁	利用率	变迁	利用率	变迁	利用率	变迁	利用率
$U(t_1)$	0.0679	$U(t_5)$	0.0716	$U(t_9)$	0.0178	$U(t_{13})$	0.0432	$U(t_{17})$	0.0357
$U(t_2)$	0.0716	$U(t_6)$	0.0178	$U(t_{10})$	0.0712	$U(t_{14})$	0.0432	$U(t_{18})$	0.0095
$U(t_3)$	0.0716	$U(t_7)$	0.0178	$U(t_{11})$	0.0432	$U(t_{15})$	0.1727	$U(t_{19})$	0.0082
$U(t_4)$	0.0716	$U(t_8)$	0.0178	$U(t_{12})$	0.0432	$U(t_{16})$	0.0357	$U(t_{20})$	0.3363

（四）决策优化

在不断改变某一灭火救援指挥决策实施强度的基础上，假定其他灭火救援指挥决策的实施强度不变，利用公式(4.5)、公式(4.6)，可以得到单一决策强度动态变化下其余灾情的稳态概率动态变化情况，分析决策变化与灾情状态演化之间的动态关系。

（1）提高消防救援队伍接警出动的速度（λ_1）。在变动 λ_1 的基础上，假定其余灭火救援指挥决策的实施强度不变，可以计算得到各个灾情状态的稳态概率（$P(M_i)$）变化趋势，如图 4.30 所示。λ_1 从 1 增加到 20 的过程，表示消防救援队伍接警出动速度不断加快，则火被扑灭[$P(M_{14})$]、地面流淌火强度下降[$P(M_{11})$]的稳态概率上升最显著，T103♯、T102♯、T037♯ 等油罐区域火势控制、消灭的稳态概率[$P(M_7) \sim P(M_{10})$]略有上升。表明加快接警出动速度，对堵截消灭地面流淌火、火灾事故处置完毕的概率提高程度最大，对控

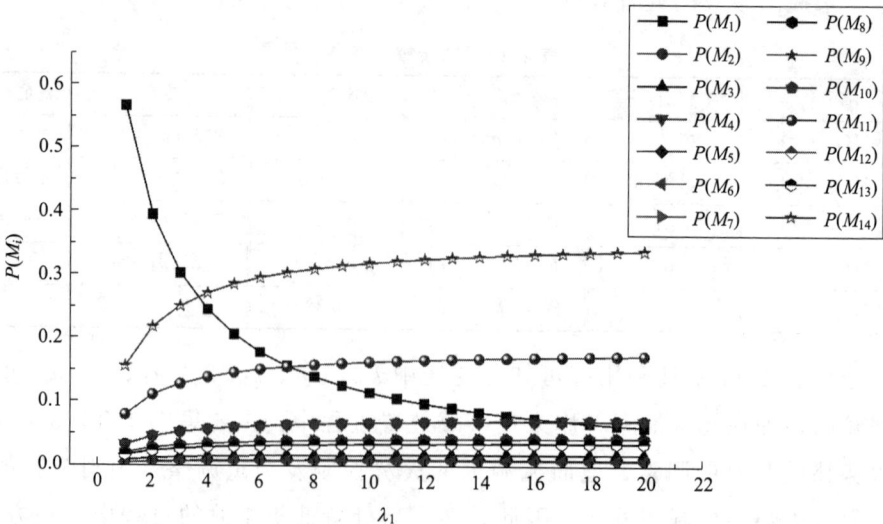

图 4.30　λ_1 变动下大连"7·16"油库爆炸火灾事故不同关键情景的稳态概率

制罐区火势的概率略有提高。

此类事故中，消防救援队伍到场时往往输油管线、油罐等已经发生爆炸。此时，由于原油带压运行，火场主要方面为控制、消灭流淌火，防止大面积蔓延引发罐区火势扩大。因此，提高接警出动速度，缩短消防救援人员到达事故现场的时间，在事故尚未全面发展时，指挥部应优先采取堵截消灭流淌火的措施，堵截、切断、消灭燃烧油品在罐区的流动，防止灾情进一步扩大，有利于更加迅速地完成灾情的处置。

（2）提高关阀断料的实施强度（λ_4）。在变动 λ_4 的基础上，假定其余灭火救援指挥决策的实施强度不变，可以计算得到各个灾情状态的稳态概率 $[P(M_i)]$ 变化趋势，如图 4.31 所示。λ_4 从 1 增加到 20 的过程，表示关阀断料的实施强度不断加强，则火势被控制的稳态概率 $[P(M_{14})]$ 上升最显著，接警出动速度 $[P(M_1)]$、控制海面火势和污染 $[P(M_5)]$ 略有上升；流淌火火势的稳态概率 $[P(M_4)、P(M_{12})]$ 下降最显著，T103♯、T102♯、T037♯ 等油罐区域火势的稳态概率 $[P(M_7)\sim P(M_{10})、P(M_{11})、P(M_{13})]$ 略有下降。总体来看，表明提高关阀断料的实施强度，可以降低罐区、流淌火等火势的威胁程度，提升事故处置效率。

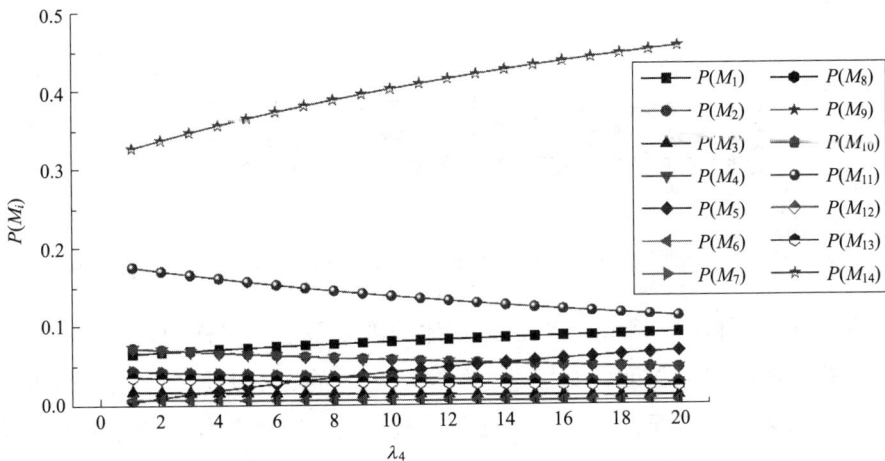

图 4.31　λ_4 变动下大连"7·16"油库爆炸火灾事故不同关键情景的稳态概率

重大灾害事故的演化，是不同区域灾情相互耦合作用的结果。虽然，单独提升关阀断料实施强度，对 T103♯、T102♯、T037♯ 等油罐、流淌火等罐区火势控制、消灭的促进程度不显著。

同时，针对不同区域灾情，消防指战员实施的应急决策指挥不同。但是，不同区域灾情之间实质上存在内在关联，单一决策动态变化下，可能导致某些区域灾情态势改善，也可能导致某些区域灾情态势恶化。因此，在事故处置过程中，要综合考虑不同区域灾情状态和应急决策指挥的动态关系，实时调整力量部署，科学推进事故处置。

（3）提高处置地面流淌火的力量强度（λ_{15}）。在变动 λ_{15} 的基础上，假定其余灭火救援指挥决策的实施强度不变，可以计算得到各个灾情状态的稳态概率 $[P(M_i)]$ 变化趋势，如图 4.32 所示。λ_{15} 从 1 增加到 20 的过程，表示不断提高处置地面流淌火的力量强度，则地面流淌火强度的稳态概率 $[P(M_{11})]$ 迅速下降，火灾被扑灭的稳态概率 $[P(M_{14})]$ 迅速上升，其余灾情状态的稳态概率略有上升。表明提高处置地面流淌火的强度，可以迅速控制地面流淌火的蔓延，从而影响罐区火势的扑救，减少热辐射带来的影响，提升事故处置效率。

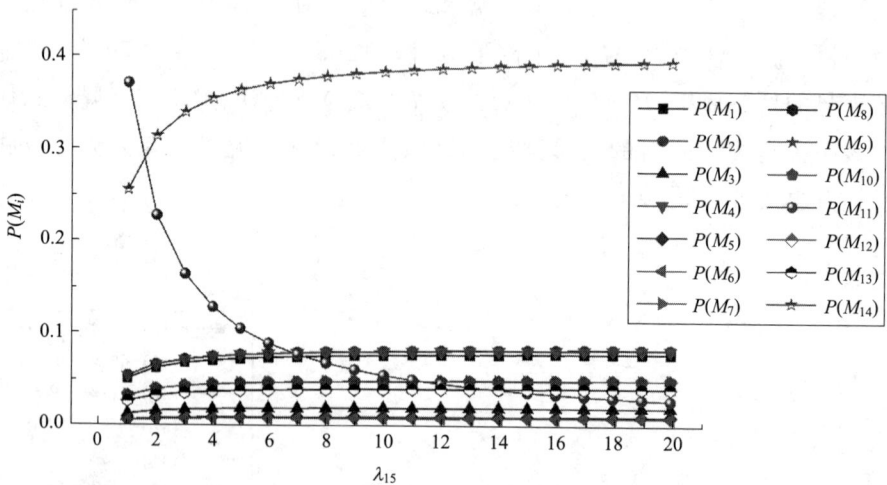

图 4.32　λ_{15} 变动下大连"7·16"油库爆炸火灾事故不同关键情景的稳态概率

事故处置过程中，影响区域内承灾体的因素是复杂多样的，单一改变某一应急决策指挥的实施强度，对推进整体事故处置的影响力是有限的。因此，应当综合考虑区域的不同灾情，多方面部署救援力量。如果仅仅是增强处置地面流淌火的力量，对 T103#、T102#、T037# 等油罐受威胁程度的降低是有限的，应当在工艺处置措施、油罐冷却等多方面部署力量，协同推进事故处置。

本节分别探讨了消防救援队伍接警出动速度（λ_1）、关阀断料实施强度（λ_4）、地面流淌火处置力量强度（λ_{15}）的动态变化下，不同灾情状态的演化情况，得到的主要结论如下：

（1）总体来看，提高接警出动速度、关阀断料的实施强度、地面流淌火的处置力量强度，对不同区域灾情的处置均有一定的促进作用，对整个事故的处置效率有较大提升。

（2）此类火灾事故发生初期，火场主要方面为控制、消灭流淌火，消防救援队伍到场后，要第一时间投入到流淌火的处置中，堵截、切断、消灭燃烧油品在罐区的流动，防止灾情进一步扩大，有利于更加迅速地完成灾情的处置。

（3）重大灾害事故的演化，是不同区域灾情相互耦合作用的结果。一方面，事故处置过程中，应当考虑不同区域决策变化与灾情演化之间的动态关系，实时调整力量部署；另一方面，不同区域灾情的控制对事故演化趋势的影响有叠加作用，不同区域灾情的逐渐控制，对提升整个事故的处置效率影响极大，应当多方面部署救援力量，协同推进事故处置。

同理，依照上述方法，可以对其余灭火救援指挥决策进行动态分析，可以得出不同决策变化对事故演化的影响，从而根据不同应急救援需求，针对性提高应急决策指挥的实施强度。

本章小结

（1）本章在界定、分析重大灾害事故情景含义的基础上，结合情景的时空特点，提出"情景"概念，识别时空要素、致灾因子要素、灾情状态要素、承灾体要素进行情景表示，实现了多源异构信息融合和情景规范化表示。

（2）本章在基于特征要素构建事故情景演变链路的基础上，引入随机Petri网理论，从情景演变规律、消防救援实际情况两个角度分析随机Petri网理论的适用性，定义库所为时空要素、token为不同区域的灾情状态、变迁为应急救援行动，实现基于随机Petri网的事故情景重构，为第五章决策分析与优化奠定基础。

（3）本章从灾情状态演化和决策指挥变化角度，对关键事故情景进行了界定和分析。从灾情演化角度分析，关键情景是事故演化过程中，灾情状态发生突变，产生新的、破坏力发生改变的质变灾情状态；从决策变化角度分析，关键情景是消防救援队伍在事故处置过程中，重大应急决策指挥变化所对应的灾情状态。在此基础上，认为优化关键事故情景的应急决策指挥，一方面，可以着眼于事故的主要灾情状态；另一方面，可以减少需要优化决策指挥的数量，最大限度提升事故处置效率。

（4）本章基于马尔可夫链理论，提出了构建决策分析与优化模型的方法。根据消防应急救援的实际情况，对变迁实施速率的概念进行了深入理解和重新适用，认为变迁实施速率实质上描述的是变迁的实施强度。同时，提出了一种基于处置时间的决策实施相对强度的计算方法，并引入三角模糊数理论进行稳态概率的计算优化，一方面使马尔可夫链理论更好地适用于决策优化，另一方面一定程度上解决了运用专家打分法确定变迁实施速率的主观误差性。

（5）本章选取 2010 年大连"7·16"油库爆炸火灾事故作为案例，通过剖析本次事故的特征，基于承灾体的视角，深入分析了事故区域灾害链的演变机制。运用情景元、随机 Petri 网等理论构建了事故情景，并借助马尔可夫链、模糊数学等理论对关键情景下的灭火救援指挥决策进行了分析与动态优化。一方面，验证了前文所提出的理论、模型的合理性和可行性；另一方面，通过此次重特大火灾事故的演化机理分析、关键情景提取、应急决策分析及优化，为今后科学、高效处置类似火灾事故提供一定的理论支持和实际指导。

第五章

基于"情景-任务-资源"的重大
灾害事故方案生成方法

本章从灾害事故情景角度出发，以情景分析为基础，基于 RHI（现实条件 Reality、上级指示 Higher-up、行动意图 Intention）模型确定重大灾害事故情景应急目标；依据情景应急目标进行应急任务分解分配和应急资源配置，使重大灾害事故现场应急方案的生成更具针对性、层次性和可行性，为应急方案的高效、科学制定提供了思路和方法。

第一节
重大灾害事故应急目标的制定

在多数情况下，目标一般是指人们进行某项实践活动想要达到的境地或标准。应急响应行动作为一项人类与灾害事故作斗争的实践活动，自然应有明确而具体的目标要求。应急目标就是对应急行动应完成的任务及其预期的结果提出的指标要求，是应急决策主体主观意图的具体化，又是考虑了现实情况之后对行动意图的一种修正，进一步讲，不同的主观意图应有相应的应急目标使之明确和充实。

应急目标的制定正确与否，直接影响整个灾害事故应急响应的时间和效果，应急目标若制定不科学、不准确，将延长整个应急响应的时间，甚至出现灾害态势恶化的现象。本章以上述对重大灾害事故关键情景分析为基础，应急决策者在识别灾害事故关键情景后形成行动意图，而后考虑灾害现场客观条件和上级领导指示等影响因素，对重大灾害事故应急目标进行分析制定。

一、应急目标和关键情景的关系

应急目标的制定是整个应急决策过程中最重要的环节之一，是关于应急响应行动"做什么"和"做到怎样程度"方面的具体要求，如果缺少这个要求，应急响应行动便会失去努力争取的目标。根据灾害事故关键情景的定义，应急目标实际上就是针对灾害事故的关键情景，为了缓解、消除其危害或改变关键情景恶化路径目的的内容。它是决策主体应急行动意图的具体化。因此，应急目标是针对灾害事故关键情景而制定的，任何应急目标任务的制定都要在关键情景的基础上进行，脱离了灾害事故关键情景的应急目标，必然缺少了针对性和准确性。

重大灾害事故现场的规模庞大且复杂，应急决策者面对错综复杂的灾害事故情景及其不断的演变，必须迅速识别出灾害事故关键情景及其发展趋势，并以此为基础确定应急目标，为后期任务规划提供科学依据，从而提高应急响应的针对性和整体应急响应效率。

二、基于 RHI 模型的应急目标制定

（一） RHI 模型概述

（1）RHI 模型提出。重大灾害事故现场应急目标的制定受到多方面、多条件的影响和限制，如现场实际灾情、应急救援力量情况、应急处置环境等，这些是制定应急目标的重要依据，灾害现场应急指挥决策者必须考虑这些现实物质条件，否则必然会出现"情况不明决心大"的现象，导致应急目标难以执行和实现。另外，由于重大灾害事故的危害范围广、突发性强，发生后会在政治、经济、文化、社会、环境等方面造成不同程度的影响，制定应急目标时要从整体大局出发，充分考虑各方面影响因素，防止造成不可挽回的损失和严重社会影响。因此，灾害现场应急指挥决策者在考虑现实物质条件的同时，要充分考虑当地政府和上级领导的意图和指示，确保制定的应急目标既针对灾害事故本身的应急处置又兼顾对灾害事发地社会环境稳定的影响。

根据上述影响因素分析，重大灾害事故现场应急指挥决策者在进行应急目标决策时，需要考虑众多因素，由于现场环境复杂、规模庞大、时间紧迫等特征，应急决策者很难做到面面俱到，RHI 模型基本思想就是以重大灾害事故现场应急决策时所需考虑的各项因素为出发点，从中凝练出现实条件（Reality）、上级指示（Higher-up）、行动意图（Intention）三个部分关键要素，以便应急决策者在时间紧迫、灾情复杂的情况下，尽可能准确、全面地制定出应急响应的任务目标，为之后应急响应过程中任务的部署和分配打好科学的基础，提升整体应急效率。

（2）RHI 模型构成。RHI 模型中主要有现实条件（Reality）、上级指示（Higher-up）、行动意图（Intention），这三部分分别对应现场应急救援实力和环境、上级领导的应急指示要求和意图、现场应急决策者的目的和愿望。

现实条件（Reality）是对灾害事故应急响应中现场应急救援实力和客观环境的描述。现场应急救援实力是指灾害现场的应急救援人员以及大小型应急救

援装备，它包括：消防员、医疗人员、水电气抢修人员等应急人员的数量，专业素质和实战经验；消防车辆、医疗救护车、挖掘机等应急救援装备数量和性能。灾害现场应急环境是指灾害发生的时间、空间、气候、地理的有利于或不利于应急响应的因素。

上级指示（Higher-up）是对灾害事故应急响应中上级领导或部门根据灾害在经济、政治、文化、社会、环境等方面可能导致的重大影响而做出的应急响应要求的描述。它可能很笼统，是对整个应急响应效果的总体要求，如"积极做好人员搜救和安抚工作""最大程度减少人员伤亡和财产损失""不惜一切代价保住隔壁建筑"等；也可能是对某项应急响应的具体要求，如"全力冷却某罐，防止引起邻近罐爆炸""搜救人员做好安全防护""立即疏散下风方向群众百姓"等。

行动意图（Intention）是对灾害事故现场应急决策者希望应急响应达到某种目的的打算或愿望的描述。行动意图是应急决策者需要考虑的重要内容，它的抉择既要判断灾害事故的关键情景及其发展对应急响应的实际价值，又要考虑现场现实条件，并且价值判断在主观意图决策上起着更为重要的作用。如火灾事故现场，如果火灾处于初期阶段，应以"迅速扑灭火势"为行动意图；如果火灾处于猛烈发展阶段，考虑现实条件，则应以"控制蔓延，全力搜救"为行动意图。

（二）应急目标制定

（1）应急目标的类型。在重大灾害事故现场应急决策过程中，应急目标的确定至关重要，而应急目标按照不同标准可以划分为很多类型。为了规范应急目标的内容，使应急决策者制定的应急目标更加具体、清晰，这里将应急目标划分为以下三种类型：

① 按应急处置行动的内容划分。

a. 灾害事故现场侦察和评估；

b. 灾害事故现场险情处置；

c. 全力搜救被困人员；

d. 受伤人员全部送医；

e. 完成现场危险区域安全警戒；

f. 确保灾害事故现场保障充足。

② 按应急处置作用的对象划分。

a. 行动区域任务目标。例如在化工园区爆炸事故中的人员搜救中，全力搜救爆炸核心区人员聚集区域的被困人员；在草原火灾扑救中，在火势蔓延的下风向区域开辟防火隔离带。

b. 针对具体险情的任务目标。例如，对泄漏槽罐车的泄漏点进行堵漏操作；对化工火灾中受火势威胁的临近化工装置进行冷却保护；对有毒气体泄漏的下风向居民进行疏散，防止大面积人员中毒。

③ 按灾害事故现场应急决策者的要求划分。一般是从任务完成的时间和效果等方面提出的要求和指标。主要可分为以下两个方面：

a. 定性描述的任务指标。例如对于现场灾情的侦察，要求：准确、全面地查明灾情状态、影响范围及发展趋势。

b. 定量描述的任务指标。例如被困人员搜救，要求：在 10 小时内迅速确定所有被困人员数量和被困具体位置；火车隧道石油罐列车颠覆爆炸处置，要求：在 1 周时间内扑灭火灾，恢复列车正常通行。

（2）基于 RHI 模型的应急目标制定过程。利用 RHI 模型制定应急目标的过程就是现场应急指挥决策者在对重大灾害事故现场各类情景分析后，识别灾害事故关键情景，现场应急指挥决策者再根据应急响应原则、以往实践经验以及专业领域知识等对当前关键情景应急处置产生初步的目的和愿景，而后结合专家意见和上级领导意图等因素，对之前初步的应急行动意图作出更新，最后依据现场灾情实际和应急救援力量实力，制定出灾害事故现场应急处置行动可实现、可操作的任务目标。具体制定步骤（图 5.1）如下：

① 获得外部灾害事故情景。获取灾害事故情景的过程实际就是获取灾害情景各类信息的过程，主要通过现场外部灾情实时侦察、内部灾情实地侦察、查阅事故对象档案资料、询问管理人员和事故生还人员、仪器检测以及利用灾害事故态势预测模型和系统等方式方法获取现场灾害事故情景信息，构成灾害事故现场各类情景。

② 识别关键灾害事故情景。该过程主要利用上一章关于指向性分析、定位性分析以及综合性分析来进行识别，首先利用指向性分析法确定关键情景所处的方向和位置；而后利用定位分析法对重点部位情景的三要素进行分析，识别出现场重要的灾害事故情景；最后在指向性和定位性分析的基础上，利用综合性分析按照重要性和紧迫性程度对重要情景进行分析和筛选，最终得出灾害事故现场关键情景。

③ 形成初步行动意图。该过程主要是现场应急指挥决策者依据识别出的关键情景，按照应急处置各项原则（如"救人第一，科学施救""先控制、后

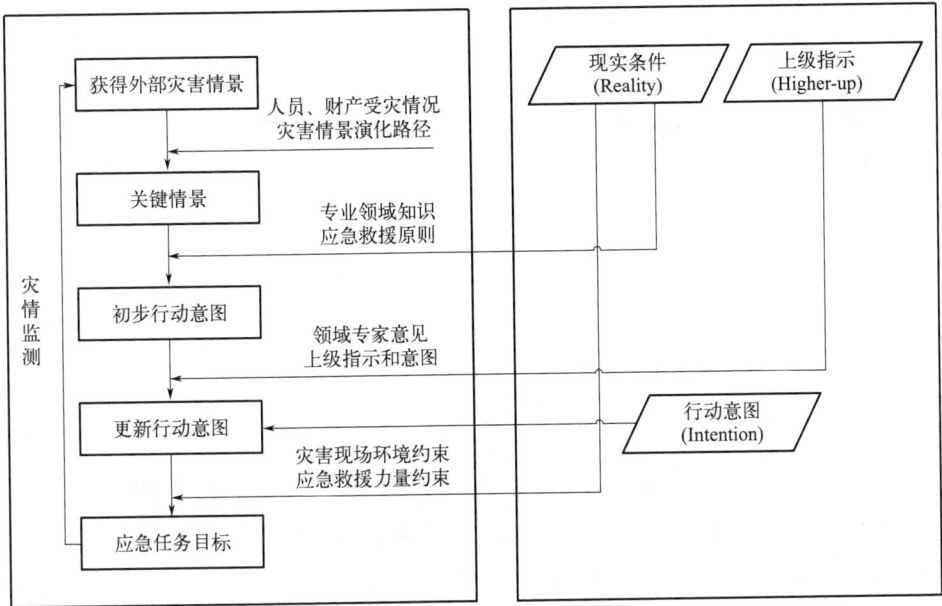

图 5.1　基于 RHI 模型的应急目标制定过程

消灭"等）、专业知识（应急处置对象的物化性质、常用处置对策等）、历史实战经验等，在充分考虑现场实际灾情、环境、救援力量等基础上，产生心中初步的应急处置目标愿景和意图规划。

④ 更新行动意图。灾害事故现场应急指挥决策者在形成初步应急行动意图后需要考虑领域专家意见以及上级领导指示和意图，对应急行动意图进行修正更新，使应急行动意图更加科学、准确。例如火灾中的倒塌事故，领域专家依据专业知识和仪器检测评估建筑物不会发生二次坍塌，应急指挥决策者就须将"边救火边救人"的应急行动意图更新为"救人为主，控制消灭火势"；火灾事故中，涉及档案资料的部位，一旦烧毁，将引起社会经济纠纷和矛盾，当地政府领导要求"全力保护档案资料"，应急指挥决策者就需要更新应急行动意图，确保档案资料安全。

⑤ 制定出应急目标。该过程是对前面部分更新后的应急行动意图的具体化，应急行动意图比较原则和抽象，而应急目标则相对具体和明确。现场应急指挥决策者须根据应急处置的环境和应急救援力量的实际情况，对应急行动意图进行相对详细、具体的部署规划，形成可行、可操作的应急目标。

重大灾害事故应急任务分解与分配

一、应急任务的分解

重大灾害事故应急任务的分解是在任务分解法（Work Breakdown Structure，WBS）（指的是团队为实现某一目标，把总任务进行层层分解的一种常见处理方法）的基础之上，结合了重大灾害事故现场应急处置的实际特点展开的。重大灾害事故应急任务的分解是围绕着灾害事故的应急目标进行的，力求重大灾害事故应急处置工作效率和效果明显提高。

（一）任务分解的原则和标准

要合理地对应急任务进行划分，必须严格地依据任务分解的原则和标准，只有通过具体的规则规范对应急任务进行有效分解，才能实现复杂任务的简化，以及具体应急行动组织的匹配和落实。

结合任务分解法的分解原则，在重大灾害事故应急任务分解的整个过程中，应遵循"横向到边、纵向到底"的准则。"横向到边"是指做到应急任务的分解不重、不漏、不超出任务范围，使应急处置工作合理高效，避免应急资源浪费。"纵向到底"是指应急任务分解时要确定好分解粒度的大小，应以灾害事故应急子任务与应急行动主体之间达到匹配要求为准。应急任务分解粒度过小，会使整个应急处置工作分散冗杂；粒度过大，会使应急处置工作不专业、精度不高，无法做到应急处置任务的具体落实。

对重大灾害事故应急任务进行分解时，应依据以下原则和标准，见表 5.1、表 5.2。

表 5.1　分解的原则

原则	内容
原则 1	将应急任务逐步细化分解到不能再细分为止，最底层的子任务活动可直接分配到某一行动主体或个人去完成

原则	内容
原则 2	下级应急子任务的分解应以上级应急任务的各项属性为分解依据,分解后的应急子任务要全部覆盖上级应急任务的任务属性

表 5.2　分解的标准

标准	内容
标准 1	应急任务分解后层次结构清晰,不重不漏
标准 2	分解后的应急子任务逻辑上形成规模体系,覆盖上层任务
标准 3	应急子任务集成了所有的关键因素
标准 4	每项子任务相对独立且内容明确
标准 5	应急子任务的完成情况可度量

(二)任务分解的过程

(1)分解原理分析。应急任务的分解过程既要根据任务属性和需求进行分解和细化,同时也需要根据应急子任务间的配合规则考虑分解后应急子任务相互配合的合理性。图 5.2 对应急任务的分解原理进行了说明。目标是指分解后的应急子任务有什么样的应急目标;规则是指分解后的应急子任务间如何进行相互配合。

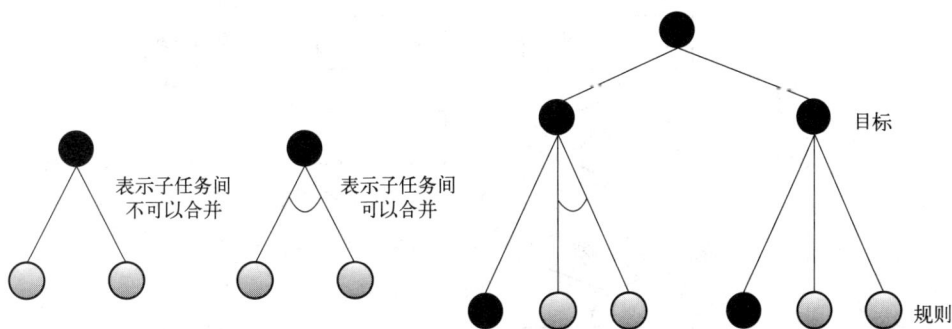

图 5.2　应急任务分解结构树

在重大灾害事故应急任务分解过程中,还应从以下两个主要方面考虑灾害事故现场应急任务分解的合理性。

从应急行动小组的角度看,如果存在应急行动主体满足了当前分解后的应急子任务的所有目标和属性要求,则应急子任务就不再分解。

从应急子任务的角度看,为了便于应急行动小组在灾害事故现场实施行动,应急子任务间的交互影响要尽可能小;要将高风险、难操作、重要程度高的应急子任务单独分离，确保核心应急任务的顺利完成，从而保证整个应急处置过程的成功。例如化工园区油罐火灾，内部环境复杂，要阻断油料持续不断地供应火势燃烧，就必须进行内部人工管阀，此时应立即成立攻坚组深入内部管阀，以确保关键应急任务关阀断料的顺利完成。

（2）分解过程分析。应急任务分解的目的是得到众多可以直接执行的应急子任务，且应急子任务间的交互影响关系相对较小。分解过程中首先要通过前期制定的应急目标确定应急总任务，将应急总任务按照分解的 2 个原则和 5 个标准分解成一个个独立的应急子任务，并明确其对应的任务目标。其次，要进行应急子任务的可行性判断，即在应急行动小组中按应急子任务的属性对其进行模糊搜索，判断应急行动小组对应急子任务的满足能力，对于可行性判断失败的应急子任务在其粒度不低于应急行动小组的条件下可再进行任务分解。最后，进行应急子任务间的交互影响分析，对交互影响关联较大的应急子任务进行适当合并，分解流程如图 5.3 所示。

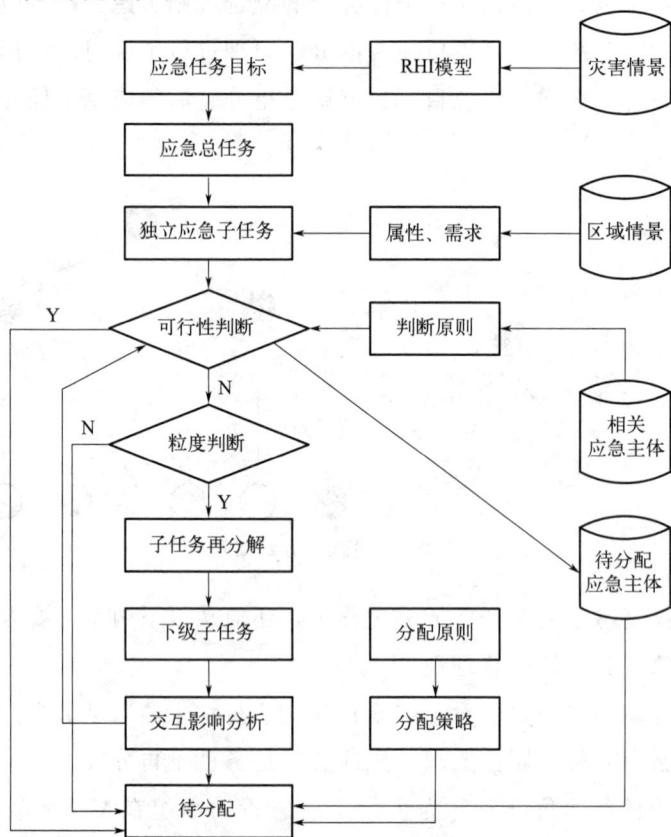

图 5.3　重大灾害事故应急任务分解流程

按照重大灾害事故现场应急决策层级划分和灾害事故一般处置流程，对相对复杂的应急任务主要分解成三个层级子任务，分别对应灾害事故现场应急总指挥部、区域（现场）指挥员、应急行动小组（成员），经分解后的重大灾害事故应急任务表现为一种父子层次结构的灾害事故应急任务分解树状图，来表示上一层级应急任务与下一层级应急子任务间的属性关系。每个层级应急任务可根据分解需要继续分解，在重大灾害事故应急任务分解树状图中，设灾害事故总任务为 T，应急任务集为 $T=\{T_1,T_2,\cdots,T_n\}$，n 为下一层级应急子任务的个数，表示应急总任务被分解成 n 个应急子任务，分别为 $T_1,T_2,\cdots,T_n$。每个应急子任务 $T_i(i=1,2,\cdots,n)$，又可以继续分解为 $T_{i1},T_{i2},\cdots,T_{in}$，$n$ 表示 T_i 被分解为 n 个应急子任务（图 5.4）。

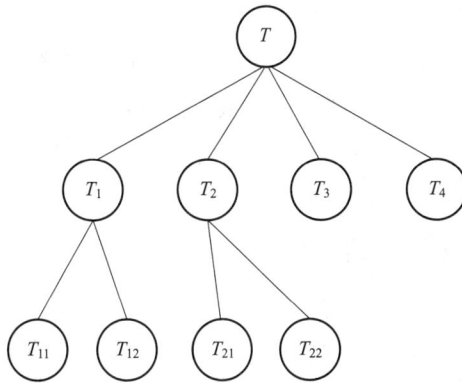

图 5.4　应急任务分解树形图

（三）子任务可行性和交互影响分析

（1）子任务可行性判定。重大灾害事故应急任务的实现是任务规划合理的直接结果，把应急子任务落实到具体应急行动主体上是应急任务分解成功的标准，应急行动主体和个人是各项子任务的执行者，分解得出的子任务只有存在相应的行动组织或个人才能够将其完成，才能说明分解是有效的、可行的。所以，对分解得出的子任务需要进行可行性判断。

将重大灾害事故应急子任务集描述为：$T=\{T_1,T_2,\cdots,T_n\}$，n 为灾害现场应急任务被分解的应急子任务个数，其中，T_i 为第 i 个应急子任务，T_i 的信息由其目的 F，以及属性 P_x（x 表示任务属性序列，$x=1,2,3,\cdots$）等组成。

I_x 可以通过对第 i 个应急子任务具体特征 P_x 的描述来反映应急决策者对

该应急子任务的重视程度，其可用模糊语言变量子集表示为〈不重要，可有可无，一般，比较重要，非常重要〉五个层次，并分别使用 0 到 1 之间的数值 {0,0.3,0.6,0.8,1.0} 进行量化。

被分解的应急子任务是否可实现受应急行动主体能否满足的约束，具体表现为应急行动主体的应急能力，因此，对重大灾害事故应急子任务的可行性考量，可以转化为应急行动主体从对应急子任务的满足状况以及应急子任务的紧急程度的角度来进行分析，如公式(5.1) 所示。

$$Q_i = \frac{\sum_1^k R_x \cdot I_x}{\sum_1^K I_x} \tag{5.1}$$

式中，R_x 表示应急行动主体对应急子任务 T_i 属性 P_x 的满足状况，用数值 0 表示不满足，数值 1 表示满足；Q_i 表示应急子任务 T_i 的可行度。

基于对应急子任务的可行性描述，可以通过模糊搜索法设定阈值 λ_{T_i}，对应急子任务 T_i 的分解合理性进行判断，具体步骤如下：

Step1：设定阈值 λ_{T_i}（$0 < \lambda_{T_i} < 1$）；

Step2：计算应急子任务的可行度 Q_i 值；

Step3：比较 λ_{T_i} 与 Q_i 大小；

Step4：若 λ_{T_i} 小于 Q_i，则表明对应急任务的分解粒度大小适中，对应急子任务 T_i 分解合理，子任务具有可实现性，可以寻找相应的应急行动主体执行；

Step5：否则，需要对应急子任务 T_i 继续分解，重复以上过程。

（2）子任务间交互影响分析。在重大灾害事故应急任务分解过程中，为了使分解后的每个应急子任务相对独立，需要对分解后的应急子任务进行交互影响分析，应急子任务间的交互影响关系主要有四种，如图 5.5 所示。

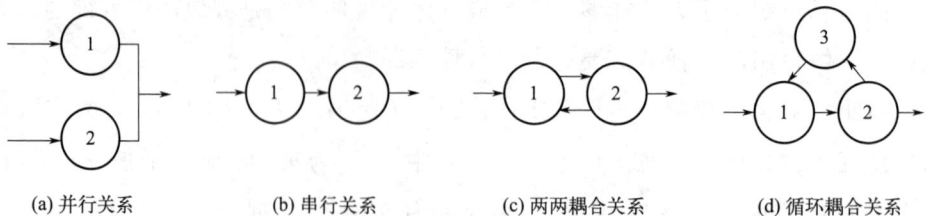

| (a) 并行关系 | (b) 串行关系 | (c) 两两耦合关系 | (d) 循环耦合关系 |

图 5.5　重大灾害事故应急子任务间关系分类

① 并行关系［图 5.5(a)］：应急子任务间相对独立，不存在应急处置过程

中的程序传递关系；

②串行关系［图 5.5(b)］：单向作用关系，前一应急子任务的完成是下一应急子任务开始的前提条件；

③两两耦合关系［图 5.5(c)］：两个应急子任务间是双向作用关系，交叉执行。

④循环耦合关系［图 5.5(d)］：多个应急子任务间互为前提条件，循环执行。

这里主要考虑的是困扰重大灾害事故应急子任务规划的图 5.5(c) 和（d）两种耦合情况，耦合的应急子任务集包括相互依赖关系的两个或多个应急子任务，它表示由应急子任务间的应急处置程序关系所构成的信息环路。应急子任务执行过程中，对于一些耦合程度高的应急子任务，如果交给不同的应急行动小组来执行，会造成应急行动小组组织间频繁的信息交互，从而增加应急处置过程的复杂性，因而应急子任务间进行交互影响分析是很有必要的。

为了直观地描述应急子任务间的耦合关系，引入应急子任务间作用度、反作用度和耦合强度的概念，并利用领域专家经验对作用度和接受度进行赋值描述。作用度是指上一级应急子任务对下一级应急子任务的影响程度，反作用度是指下一级应急子任务对上一级应急子任务的反馈程度。耦合强度是指应急子任务间交互影响的强度，其值 o 由构成应急子任务耦合环路的作用度 A 和反作用度 B 积的 $1/k$ 幂表示，其中 k 为应急子任务数。

$$o = \sqrt[k]{A \times B} \qquad (5.2)$$

设定判断阈值 λ（$0 < \lambda < 10$）对耦合强度进行分析，当应急子任务间的耦合强度 $o > \lambda$，则对应急子任务进行聚类合并处理；当应急子任务间耦合强度 $o < \lambda$，则不聚类。因而阈值设定的大小将影响应急子任务的聚类合并情况，其值应根据灾害事故现场应急力量和灾情实际而确定。以图 5.6 中所示为例，设定阈值 $\lambda = 5$，应急子任务①对子任务②的作用度是 7，应急子任务②对子任务①的反作用度为 3，可得应急子任务①、②的耦合强度 $o = (7 \times 3)^{1/2} = 4.5 < \lambda = 5$，故应急子任务①、②不合并。应急子任务②对子任务③的作用度是 6，应急子任务③通过子任务④对子任务②的反作用度分别是 8 和 3，可计算出应急子任务②、③、④间的耦合度 $o = (6 \times 3 \times 8)^{1/3} = 5.3 > \lambda = 5$，故可将应急子任务②、③、④合并为一个新的应急子任务。

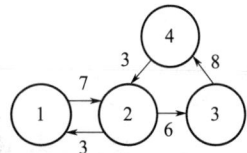

图 5.6 重大灾害事故应急子任务数值有向图

耦合关系的应急子任务间聚类合并的判断通过耦合强度 o 与事先设定的阈值比较得出，这样既对存在耦合关系的应急子任务进行了全面的搜索，也防止了对存在耦合关系较弱的应急子任务间进行简单的分割、合并，可以全面、有效地反映应急子任务间的实际相关程度，降低了应急子任务在执行过程中的难度，有利于整个应急处置过程的顺利进行。

二、应急任务的分配

重大灾害事故应急任务分解过程中，基于应急行动主体的可行性判断是分析分解所得应急子任务的合理性，而应急任务分配的目的是在分解的基础上将各个应急子任务合理分配给最合适的应急行动主体，使得分配方案切实可行并能够形成最大的应急处置成效。此外，由于第一指挥层级现场总指挥员（部）和第二指挥层级区域指挥员数量较少，不考虑其任务分配情况，只考虑第三指挥层级行动小组（中队）的应急任务分配问题。对于应急任务的分配，首先涉及的是分配策略问题，即各个应急行动小组之间的应急任务分配优先度问题，其次，是应急子任务与各应急行动小组的最佳匹配。

（一）任务分配影响指标体系的建立

表 5.3　任务分配影响指标

对象层	指标层			指标类型
	一级指标	二级指标	三级指标	
应急行动小组影响因素	应急行动小组基本信息 F_1	人员 f_{11}	配齐情况 f_{111}	定量
			四级消防士以上占比 f_{112}	定量
		装备能力 f_{12}	配齐情况 f_{121}	定量
			先进水平 f_{122}	定量
		地理位置 f_{13}		定性
		通信能力 f_{14}		定性
		自我保障能力 f_{15}		定性
应急任务影响因素	应急处置能力 F_2	创新能力 f_{21}	指挥员指挥水平	定量
			任务攻坚水平 f_{212}	定量
			比武竞赛水平 f_{213}	定量
		历史经验 f_{22}	处置次数 f_{221}	定量
			成功经验比例 f_{222}	定量

对象层	指标层			指标类型
	一级指标	二级指标	三级指标	
应急任务影响因素	关键程度 F_3	重要性比重 f_{31}		定量
		信息关联程度 f_{32}		定量
	创新程度 F_4	处置过程创新度 f_{41}	处置技术创新度 f_{411}	定量
			处置经验缺乏度 f_{412}	定量
		处置对象罕见度 f_{42}		定性

一方面，通过对表5.3中应急行动主体影响因素分析，从应急行动优化组合的角度来确定应急行动小组。另一方面，通过表中应急任务影响因素的分析，可从应急行动小组资源中选择符合应急任务完成效果的应急行动小组，从而实现应急处置过程中应急行动小组等级和任务层次的匹配。如图5.7所示，其具体匹配规则是按照任务影响因素的量化数值，其数值可参考应急任务重要性程度，从应急攻坚组、特勤消防救援中队、普通消防救援中队、专职消防救援中队四个级别中选择合适的目标层。

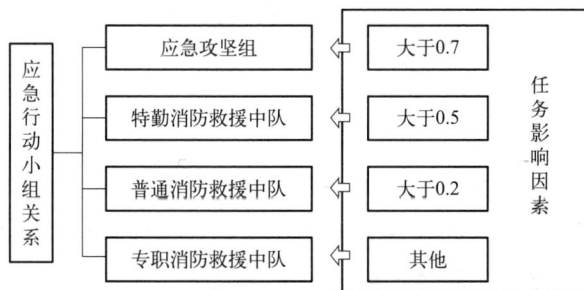

图5.7　基于应急任务影响因素的任务分配

（二）影响因素量化指标

基于表中所建立的影响因素指标体系与分类，对各影响因素进行详细描述，按照相应的算法给出其具体的量化标准和方法，灾害事故现场领域专家参考下文计算公式为依据进行各项指标打分。

（1）应急行动小组基本信息。应急行动小组基本信息是对消防救援站基本信息的描述，包括4个二级指标：人员配齐情况、四级以上消防士占比、装备配齐情况、装备先进水平。

① 人员配齐情况。不同级别消防救援站对于人数的配置要求不同，人员配齐情况从侧面反映了该消防救援站的潜在战斗力。配齐情况是指当前消防救

援站人数占应配齐总人数的百分比。设同级别消防救援站应配人数相等，若该消防站共有人数是 N，其中实际能够投入战斗的战斗员应除去外出公差勤务人员 W，该类消防救援站应配齐总人数是 Z，则该消防救援站的人员配齐情况 f_{111} 为：

$$f_{111} = \frac{N-W}{Z} \tag{5.3}$$

② 四级以上消防士占比。一个消防救援站的高级消防士人数越多，占比越高，在队伍中发挥"传、帮、带"的效果就越明显，消防救援站的战斗力也会随之上升。设某一消防救援站四级以上消防士的人数为 S，该消防救援站总人数为 N，则该消防救援站四级以上消防士占比 f_{112} 为：

$$f_{112} = \frac{S}{N} \tag{5.4}$$

③ 装备配齐情况。应急救援效率的高低，装备器材发挥着不可替代的重要作用，一个消防救援站的装备配置越好，一定意义上意味着战斗力越高。设某类消防救援站应配消防器材装备为 I 类，实际配备器材装备为 i 类；某一类型装备器材应配备总数为 J，实际配备数为 j，则该消防救援站装备配齐情况 f_{121} 为：

$$f_{121} = \frac{ij}{IJ} \tag{5.5}$$

④ 装备先进水平。装备先进水平是指某一消防救援站的装备器材先进程度，对配置装备先进水平的描述，有利于比较直观展现该消防救援站装备先进情况，从而一定程度上了解该站的应急救援水平。装备先进水平可以简单地从采购价格上对其进行评价。设采购条件相同情况下，消防救援站 i 的某类装备采购价为 J_i，消防救援站总数为 K，则该站的装备先进水平 f_{122} 为：

$$f_{122} = \frac{j_i}{\sum_1^k J_i} \tag{5.6}$$

（2）应急处置能力。应急行动小组的处置能力体现在应急创新能力和历史经验两个指标上。其中，应急创新能力指标包括指挥员水平、攻坚组队员比例、竞赛获奖水平；应急处置历史经验指标包括处置次数、成功比例等。下面给出这几个指标的量化标准。

① 指挥员水平。指挥员水平在进行定性评价时，主要结合该指挥员的理论水平、在消防救援战训岗位工作时间的长短，以及参与重大灾害事故处置经

验来进行评价，指挥员水平的高低对整个应急行动小组的应急处置创新能力起到关键性作用。

② 任务攻坚水平。攻坚组队员比例是指该消防救援站的指战员中参与过攻坚组培训的人员占整个站总人数的比例。攻坚组队员比例越高，指挥员在对灾害对象进行创新型处置时成功的概率就越大，效率就会越高。设全省消防救援总队共组织 N 次攻坚组培训，每次 J 人参加培训，某一消防救援站有 i 人参加过攻坚队员培训，某一攻坚队员 P_i 参加过培训次数为 j，则该消防救援站任务攻坚水平 f_{212} 可以表示为：

$$f_{212} = \frac{\sum_1^i i \cdot j}{Nj} \tag{5.7}$$

③ 比武竞赛水平。竞赛获奖水平是指该消防救援站在上级组织的各类比武竞赛中的获奖情况。当前，各级消防队伍组织的比武竞赛形式多样、内容多样，不提前告知内容，更加贴合实际、贴合实战，因此，竞赛获奖水平可从一定意义上反映该消防救援站应急处置的创新能力和战斗力。设该消防救援站参加支队比武竞赛共 S 次，其中获得第一名次数为 o 次、第二名次数为 t 次、第三名次数为 h 次，则该消防救援站的竞赛获奖水平 f_{213} 可表示为：

$$f_{213} = \frac{o \times 3 + t \times 2 + h \times 1}{s} \tag{5.8}$$

④ 处置次数。应急处置的能力水平最重要的一项指标还体现在应急处置历史实践经验上，若某一消防救援站参与处置该类事故次数越多、总结越多，则表明该站对于此类事故的应急处置经验越丰富。因此，应急处置次数直接反映了该消防救援站对于此类事故的应急处置能力，可直接用数字加以反映。

⑤ 成功经验比例。应急处置成功是指由于应急行动措施得当，极大缓解、消除了灾害事故的危害，促使整个灾害事故发展趋势好转。成功经验比例是指某一消防救援站在此类灾害事故历次应急处置中的成功占比。设某一消防救援站共参与此类灾害事故应急处置 I 次，在共 J 次成功处置事故中作出的贡献比是 P_j，则该消防救援站对于此类事故应急处置成功经验比例 f_{222} 可表示为：

$$f_{222} = \frac{\sum_1^J P_j}{I} \tag{5.9}$$

（3）应急任务关键程度。应急任务的关键程度高，则表明该任务在整个应急处置过程中的重要程度高，是任务分配过程中的关键技术。因而，可以说应急任务的关键程度指标决定了应急任务分配过程中各应急行动小组之间的分配优先度。应急任务关键程度由任务重要性比重和信息关联度两个指标来反映。下面给出其相应的量化准则。

① 任务重要性比重。应急任务重要性比重是指该任务的重要性程度在整个应急处置过程中全部任务重要性中所占的百分比。该项指标在一定程度上反映了某一应急任务在应急处置过程中的地位。设灾害事故应急处置过程中，任务 T_i 的重要性程度为 P_{ir}，则该产品的重要性比重 f_{31} 可以表示为：

$$f_{31} = \frac{P_{ir}}{\sum\limits_{i}^{N} P_{ir}}$$
(5.10)

② 信息关联度。信息关联度反映了在应急处置过程中应急子任务间的相互支持问题，用单个应急子任务的信息关联度和总的应急子任务信息关联度来表示。信息关联度比重反映了该应急子任务在应急处置过程作用和反作用于其他应急子任务完成的处置程序前后关联的比重。应急任务 T_i 的信息关联度为 $\sum\limits_{j}^{n} ri_j$，应急处置过程中总的信息关联度为 $\sum\limits_{i}^{n}\sum\limits_{j}^{n} ri_j$，则信息关联度比重 f_{32} 可以表示为：

$$f_{32} = \frac{\sum\limits_{j}^{n} ri_j}{\sum\limits_{i}^{n}\sum\limits_{j}^{n} r_{ij}}$$
(5.11)

（三）影响因素分析计算

（1）影响因素优序度计算。待分配应急子任务确定应急行动小组的过程需要分为两个步骤。首先，需要计算出和应急子任务的任务优序度，对于优序度高的应急子任务优先进行分配，并以图 5.7 中内容为依据确定待选应急行动小组的类型。其次，在合适的应急行动小组类型中计算出待选应急行动小组的优序度，选择优序度高的应急行动小组完成该应急子任务。其中，应急子任务的任务优序度是指应急子任务各项影响指标的综合反映，应急行动小组的优序度是指应急行动小组各项影响指标的综合反映。

应急子任务的序列用 $i=1,2\cdots,n$ 表示，待选应急行动小组的序列用 $j=1,2\cdots,m$ 表示，W_x 表示应急行动小组和应急子任务的影响因素指标权重，F_x 表示对应的影响因素指标值。则应急子任务 T_i 的任务优序度和应急行动小组 S_j 的分配优序度计算公式分别如公式（5.12）、公式（5.13）所示：

$$应急任务优序度 \ p_i = \sum_{3}^{4} W_x \cdot F_x \tag{5.12}$$

$$应急行动小组优序度 \ z_{ij} = \sum_{1}^{2} W_x \cdot F_x \tag{5.13}$$

式中，W_x 可用模糊理论和层次分析法（AHP）确定；F_x 通过专家赋分并计算分析所对应下级指标得出；F_x 和 W_x 的取值范围为（0,1]。

（2）分配原则。在计算出应急任务优序度和待选应急行动小组优序度后，应急子任务的分配须遵循以下原则进行：

① 首先考虑任务优序度 p_i 高的应急子任务的分配问题，其次对应急子任务 T_i 在待选应急行动小组中选择优序度 z_{ij} 高的应急行动小组完成该子任务；

② 条件允许情况下，任务优序度很高的应急子任务要及时成立应急攻坚组；

③ 待选应急行动小组的优序度 z_{ij} 差距不大时，优先考虑有过此类处置经验的应急行动小组；

④ 对于单个应急行动小组不能完成的应急任务，则从应急行动小组组合数量少和任务满足程度高两个角度考虑，将其分配给最优应急行动小组组合。

依据上述原则完成应急处置过程中应急任务的分配，为构建合理的应急行动组织过程提供支持。

第三节
重大灾害事故应急资源配置

重大灾害事故应急资源是灾害事故应急处置过程中所专门使用的人力、物力、财力以及智力等资源，灾害事故的应急资源配置工作是实际应急行动任务对应急资源的需求。由于重大灾害事故突发性、不确定性的特点，在其应急处置过程中，应急资源在应急处置前期很难做到配置充足，因此应急资源的分配就需要有针对性和全局性，通过应急任务网络分析，可以识别为完成既定应急目标的关键应急任务、关键关系和共享资源。这些信息在应急资源分配过程中能够帮助应急指挥决策者做出正确的决策，保障关键应急任务的顺利进行。基于此，本章根据重大灾害事故应急处置的具体特征，进行应急任务网络构建及

分析方法的探究，实现重大灾害事故前期应急处置有限资源的最优化配置。

一、重大灾害事故应急资源需求分析

（一）研究范围界定

重大灾害事故应急资源是一个非常宽泛的概念，其概念很难进行确切的定义，且会随着经济社会的发展而不断扩展。从广义的角度看，应急资源是指灾害事故应急响应全过程所需要的资源，包括事前预防、事中处置和事后恢复三个主要阶段的各类应急资源；从狭义的角度看，应急资源仅仅是指在灾害事故应急处置过程中的各类应急救援物资保障，也就是应急响应过程中处置阶段所需要的应急资源。因此，在进行重大灾害事故应急资源研究前，需要对应急资源的研究范围进行界定，明确具体研究对象。

（1）这里仅研究狭义上的应急资源需求，即重大灾害事故应急处置过程中所需要的各类应急物资保障。应急响应过程中的事前预防和事后恢复所需要的应急资源不予考虑。

（2）这里仅考虑应急处置过程中的人力、物力等实体应急资源需求。财力、行政权力等非实体类应急资源不予考虑。

重大灾害事故应急处置的本质是对应急资源的充分占有、合理配置和快速展开，明确灾害事故现场应急资源需求的种类和数量对于应急资源的调度、应急处置技战术具有至关重要的影响，以下应急资源分析以化工装置火灾事故为例进行应急资源的需求分析。

（二）事故情景应急资源需求类型分析

重大灾害事故现场应急处置资源需求种类繁多，难以一一列举，因此可通过"情景-资源"的应急资源需求分析方法来确定资源的种类，确保灾害事故现场所需应急资源没有缺漏。以化工装置火灾事故为例，火灾事故可从发生的时间长短分为瞬时型（闪燃、爆炸）和持续型（油罐火、固体火灾）两类。对于瞬时型火灾事故，发生时间短，难以控制，应注重事故后果和次生灾害的应急处置。因此，瞬时型火灾发生后的应急资源需求应以医疗资源为主，以抢救人员生命，减少人员伤亡。根据火灾事故破坏机理，造成人员伤亡的主要原因是辐射热和冲击波。应急医疗机构在应急资源调度过程中，除参照 WS/T 292—2008《救护车》进行基础急救药品、器械、设备的配备外，还需着重调度人员烧伤所需的医疗药品和器械。对于持续性火灾而言，主要是加强灭火救援所需要的应急物资调度。对存在有毒危险化学品的化工装置，除灭火救援所需要的灭火剂、人员车辆等应急资源外，还需大量调集防护服和洗消装备等应急资源。利用灾害事故情景来分析应急处置过程资源需求见表5.4。

表 5.4　应急资源需求类型分析

事故情景分类	应急救援措施	主要应急资源需求	备注
罐体火灾/ 固体火灾	控制/扑救	基础消防资源(消防救援人员、车辆、单兵装备、器材、灭火剂等)	强化各类灭火器材、灭火剂配备
	医疗急救	基础应急医疗资源(医护人员、救护车、药品、器械、设备等)	强化烧伤救护应急医疗资源配备
闪火/爆炸	医疗急救	基础应急医疗资源(医护人员、救护车、药品、器械、设备等)	强化烧伤救护应急医疗资源配备

（三）应急资源需求量估算

在上述对"情景-资源"进行分析后，需要对各类应急资源的需求量进行估算。在灭火救援所需资源方面，如图5.8所示，在灭火救援资源需求结构链中着火面积处于中心位置，依据着火面积可估算出灭火剂的需求量，除去消防救援车辆携带的灭火剂，可估算灭火剂调度需求量；根据着火面积还可以估算出消防救援车辆的数量，进而可估算消防救援人员的需求量以及个人防护装备的数量等应急资源的需求。此外，根据泡沫灭火剂供给强度经验（一般为$1.5L/m^2 \cdot s$）及通用消防水枪和消防炮的流量速率，可对消防水枪、水炮的数量进行估算，进而可对消防水带、消防水泵等一系列配套支持工具的需求量进行估算。具体估算方法可参照《灭火战术》《火场供水》等文献。

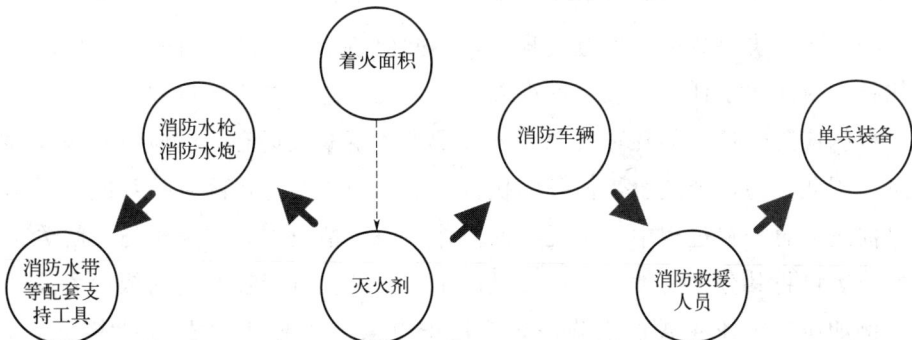

图 5.8　灭火救援资源需求结构链

在应急医疗资源方面，如图 5.9 所示，医护人员、救护车的需求量可与灾害事故现场伤亡人数建立直接的映射关系；并可根据 WS/T 292—2008《救护车》相关配置要求对急救医疗器械设备的需求量进行估算。而核心节点——"伤亡人数"可以根据灾害事故现场实际情况进行较为精确的统计或根据事故影响范围结合区域人口密度进行估算。

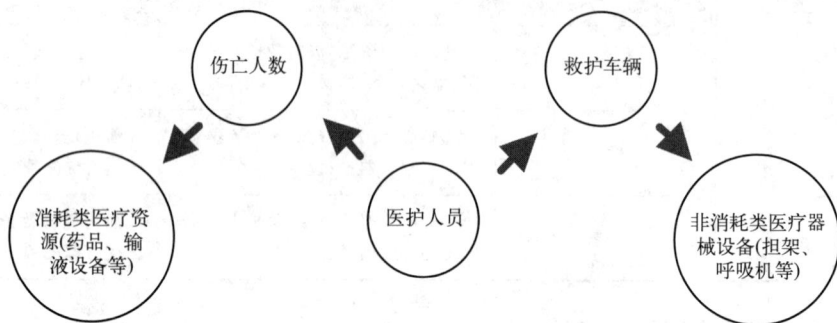

图 5.9   应急医疗资源需求结构链

二、重大灾害事故应急资源协调配置方法

重大灾害事故应急处置过程中，应急指挥决策者需要从整体上把握每个应急子任务对整个应急处置过程的关键程度，进而指导分配灾害事故现场有限的应急资源。应急资源的分析也可以辅助现场应急决策者进行合理的应急资源分配和争用资源的协调，区域应急决策者应了解各项应急子任务的上下左右关系，从而为有效的应急资源争用协商提供保证。

（一）应急资源分配存在的问题

在重大灾害事故应急处置过程中，不同应急子任务间的有效协作取决于任务执行者对应急子任务间关系的准确认识。在应急处置协作过程中，应急决策者会根据应急子任务的轻重缓急程度分配灾害事故现场有限的应急资源和救援力量。因此，为每个应急子任务的执行者识别与之有直接固有关系的重要程度可以促进应急处置过程中各项任务的协作。一般情况下，应急子任务间关系产生的原因可将其分为两类。第一类是由于应急处置过程程序上的依赖关系产生的。例如应急子任务 A 的实施需要依赖于应急子任务 B 的成功完成。另一类是由于多个应急子任务共享一种或多种有限的应急资源，而导致的应急子任务间不可以同时开展的时序关系。例如应急处置过程中应急物资的运输、受伤人员的送医救治及应急人员的调集运送等几个常见的应急子任务，它们的共享争用应急资源是运输车辆和交通管制。当应急车辆数量、交警人员数量都有限时，这些应急子任务的同步开展会受到应急资源的限制。为了方便说明两种应急子任务关系，在本章节中我们将第一类人物关系称为固有关系，第二类称为非固有关系。

重大灾害事故现场应急资源短缺是应急处置过程的重要特征之一。而重大灾害事故应急处置过程中关键应急子任务由于应急资源不足而不能成功完成，将极大地影响应急处置整体成效，甚至贻误战机，造成不可弥补的损失。掌握由应急资源争用导致的非固有关系可以有效促进应急资源的合理配置和协商，从而提高应急资源的利用成效和重大灾害事故整体应急处置效果。

本章节首先借鉴了 Goodman 提出的"滚雪球"（Snowball Procedure）方法，结合重大灾害事故应急任务的特点，提出了重大灾害事故应急任务网络的构建方法，用以理清现场应急处置过程中任务的层次关系结构。所构建的重大灾害事故应急任务网络包括应急目标、分解后的各项应急子任务和它们之间复杂的依赖关系。在此基础上，进一步提出对应的网络分析方法，用以识别关键应急子任务以及应急子任务间的共享争用资源。重大灾害事故应急任务网络分析的关键点是所提出的节点重要性评价指标 WPP（Weighted Proximity Prestige）。该评价指标同时考虑了应急任务网络结构和应急目标随时间动态调整的紧急程度对节点重要性的影响。通过观察计算得出的 WPP 值随时间的变化趋势，可以识别应急子任务间的共享应急资源。

（二）应急任务网络构建

重大灾害事故应急任务网络包含一系列节点和边，有向边表达了两个节点之间的关系。节点和有向边所代表的实际意义取决于构建网络的目的。为了评价应急领域系统的可靠性，Jackson 等人引用了失效树的分析法，其中失效树中的节点代表失效因素，有向边代表失效因素之间的因果关系。在生命线系统中，为了识别关键基础设施和它们之间重要的依赖关系，Shoji 和 Toyota 将生命线系统构建成网络结构，其中节点代表单个的部门，边代表资源或者信息的交流互换。为了评价所提出的重大灾害事故应急响应框架的合理性，Abrahamsson 等在所构建的网络中用不同形状的节点代表应急任务、资源、基础设施和行动者，节点之间的边代表这些实体之间的依赖关系。

重大灾害事故应急任务网络构建的目的是理清应急目标依赖的应急子任务间的关系。因此，该应急任务网络中，节点代表应急目标涉及的各项应急子任务，有向边代表两个应急子任务或者应急目标和应急子任务间的固有依赖关系。例如一条有向边的开始节点为 i，指向节点为 j，这代表应急子任务 j 的完成是实施应急子任务 i 的前提条件之一。

重大灾害事故应急任务网络构建是以一个或几个应急子任务或应急目标为初始样本，一层层地进行网络扩展。每一次网络节点的扩展是以上一次新加入的网络节点为初始端，一次检验与该网络节点相关的节点是否已经包含在整个应急任务网络中，如果未包含则加入该网络节点。应急任务网络的扩展直到所有应急子任务和应急目标全部包含进去为止。根据重大灾害事故应急处置过程以应急目标为主导，层次分解得到的具体特征我们将"滚雪球"的方法分为如下四步：

Step1：以一个或多个应急子任务或者应急目标生成初始网络，并给初始网络中的所有节点加上标签。初始网络中包含了重大灾害事故应急目标。

Step2：若当前应急任务网络中含有带标签的网络节点，任意选择一个带标签的网络节点（该节点可能是应急目标，也可能是应急子任务），转入第三步；否则，结束"滚雪球"过程。

Step3：根据现场应急处置过程中的任务分解，列举出所有被选带标签节点代表的任务依赖的任务。其依赖关系可能体现在应急救援人员、装备、信息和分解过程等各个方面。对于每一个列举出来的应急子任务，如果在当前应急任务网络中已经存在，在所选带标签网络节点和该网络节点之间加一条有向边；否则，将该应急子任务节点加入到网络中，并在所选带标签节点和该节点之间加一条有向边，将新加入的任务节点加上标签。

Step4：将所选的带标签的节点的标签去掉，返回第二步。

为了使重大灾害事故应急任务网络"滚雪球"的方法更加清晰易懂，图 5.10 通过一个简单的应急任务网络构建例子进一步解释"滚雪球"的具体步骤。如图 5.10(a) 所示，初始应急任务网络中包含应急目标 g_1 和 g_2 的两个带标签节点。首先，从当前网络中随意选取一个带标签节点应急目标 g_1，然后将应急目标 g_1 依赖的所有应急子任务 T_1 和 T_2 加入到网络中，将新加入

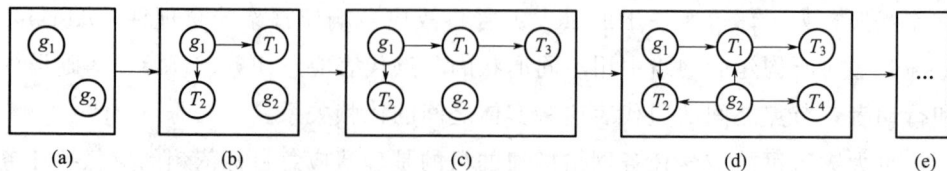

图 5.10　"滚雪球"步骤示意图

的网络节点加上标签，并将网络节点 g_1 的标签去掉，如图 5.10（b）所示。图 5.10（c）表示又选择了带标签节点应急子任务 T_1 进行网络扩展，结果是加入了新的网络节点应急子任务 T_3。在图 5.10（d）中带标签节点应急目标 g_2 被选中，经过步骤中的第三步后，新的任务关系 $g_2 \rightarrow T_1$、$g_2 \rightarrow T_2$ 和新任务节点应急子任务 T_4 被加入到网络。这个过程会一直重复到网络中不再有带标签的节点。

在构建的重大灾害事故应急任务网络中，有两种类型的网络节点：一是应急目标；二是应急子任务。其中，应急目标是根据重大灾害事故情景，在识别关键情景的基础上，综合各方因素制定出来的，组成"滚雪球"的初始网络。例如在地震灾害中，"被困人员搜救""伤员救助""应急物资配送"是常见的几个应急子任务，应急子任务通过"滚雪球"的步骤不断加入到应急任务网络中，这些应急子任务是根据应急目标制定并分解出来的，每个应急子任务都会直接或者间接与一个或者多个应急目标相关联。以应急目标为初始网络可以将完成这些应急目标以来的所有应急子任务包含到网络中，并且也使在网络分析过程中考虑应急目标的紧急程度变化对应急子任务的重要性程度影响成为可能。

三、应急资源配置优化过程

重大灾害事故应急任务网络分析的目的是为应急资源的分配提供针对性的决策和协调指导，保证关键应急子任务得到足够的重视。这里提出的应急任务网络分析分为两个主要部分：一是评价应急任务网络节点的重要性以实现应急资源的合理分配；二是识别应急任务网络节点的共享资源，为应急资源协商过程提供指导信息。

（一）应急任务重要性评价

重大灾害事故应急任务网络中节点通常具有不同的重要性，节点的重要性主要取决于其对整个网络影响的广度和程度。重大灾害事故应急处置过程中，关键应急子任务需要的应急资源如果得不到相应的满足，很容易导致关键应急子任务的失败，进而可能导致更大范围的危害，甚至是整个应急处置过程的失败。在应急任务网络中，一个应急子任务的影响范围越大，影响程度越高，关键性程度也就越高。社会网络分析方法中的 Proximity Prestige 指标同时考虑节点的影响范围和程度，是应急任务网络节点重要性评价的合适评级指标。

重大灾害事故应急任务网络使用 Proximity Prestige 指标评价网络中的节点重要性程度时，若仅仅考虑网络结构，并不能充分展现应急目标随时间动态变化对应急子任务节点重要性的影响。然而，灾害事故随着时间的推移和外界人为干预，灾情态势也会发生较大变化，灾害事故的关键情景也会随之改变，应急目标的轻重缓急会有所调整和变化。例如重大灾害事故发生后生命生还率的统计数据显示，被困人员的存活最长时间为 4～7 天，对于受伤的被困人员而言时间会更短，一般为 1～2 天。因此，重大灾害事故发生后的 1～2 天内，"被困人员搜救"是轻重缓急程度最高的应急目标。随着时间的推移，被困人员的存活率大幅度降低，"被困人员搜救"的应急目标重要程度就会降低，相反，由于灾区人员需要维持日常生活，"应急物资的配送"的应急目标重要程度会随时间的推移越来越高。考虑到以上情况，在衡量一个应急任务网络中的节点重要性程度时就要充分考虑应急目标动态变化的紧急程度，确保应急处置过程具有时效性。

这里提出了 Weighted Proximity Prestige（WPP）指标用以评价应急任务网络节点的重要性。WPP 的特别之处在于结合了重大灾害事故情景的推移发展，可以同时考虑应急任务网络自身结构和应急目标动态变化对网络节点重要性的影响。WPP 的计算如公式（5.14）所示：

$$wP_p(T_i,t) = r_1 \frac{I_i/(N-1)}{\sum\limits_{\forall x \in c_i} d(x,T_i)/I_i} + r_2 \sum_{k=1}^{G} \frac{w_{g_k}(t) \times R(g_k,T_i)}{d(g_k,T_i)} \quad (5.14)$$

式中，T_i 表示应急子任务 i；g_k 表示第 k 个应急目标；$wP_p(T_i,t)$ 表示应急子任务 T_i 在时刻 t 的 WPP 值；$w_{g_k}(t)$ 表示应急目标 g_k 在时刻 t 的重要程度；G 表示应急任务网络中应急目标的总个数。N 表示应急任务网络中节点的总个数；I_i 表示对可达应急子任务 T_i 的网络节点总个数，将这些网络节点组成的集合称为 C_i。矩阵 R 表示应急任务网络的可达矩阵。X 表示应急任务网络中任意一个节点，可能是应急子任务节点，也可能是应急目标节点。如果网络节点 x 可到达应急子任务 T_i，则 $R(x,T_i)=1$。$d(x,T_i)$ 表示从网络节点 x 到达节点 T_i 的可达距离。

WPP 指标的计算公式包含两部分，其中 r_1 和 r_2 分别是两个部分的权重系数。第一部分计算了应急任务网络中所有可达应急子任务 T_i 的平均距离。第二部分计算了应急目标对应急子任务 T_i 的依赖程度，具体是取每个可达应急子任务 T_i 的应急目标的重要程度 $w_{gk}(t)$ 与其可达距离 $d(g_k,T_i)$ 的比值之和。在这部分的计算过程中，只有该应急目标对应急子任务 T_i 存在依赖关系时才会对 $wP_p(T_i,t)$ 的值有影响，因为此时的矩阵 $\boldsymbol{R}(g_k,T_i)=1$。因此，在 WPP 指标值计算公式的第二部分中考虑了应急目标的重要性程度对一个应急子任务节点的依赖和影响。

由公式(5.14)可以看出，应急任务网络中某一应急子任务节点的 WPP 值越大，该应急子任务的重要性程度就越高。此外，出现以下情况之一时，应急子任务 T_i 的节点 WPP 值会变大。

(1) 存在更多的网络节点可达应急子任务 T_i；

(2) 所有可达应急子任务 T_i 节点的平均可达距离变小；

(3) 存在更多的应急目标依赖于应急子任务 T_i；

(4) 依赖于应急子任务 T_i 的应急目标的重要性程度变高；

(5) 依赖于应急子任务 T_i 的应急任务目标对应急子任务 T_i 的可达距离变小。

由于应急目标的重要性程度会发生变化，因此应急子任务的 WPP 值也会随时间发生变化，应急处置过程中现场应急决策者可根据所获得的应急子任务 WPP 变化值，动态地调整应急资源的分配和应急处置的主要方面。

（二）共享应急资源识别

应急资源共享和争用是重大灾害事故应急处置过程的重要特征之一。一般情况下，不同应急目标或应急子任务执行者间要对现场应急资源进行争用协商，顺利的协商结果可以提高应急资源的利用率，缓解应急资源的争用情况。然而，在什么层级上进行应急资源的协商是一个值得探讨的问题，如果在应急子任务执行者这一层级进行协商，由于同一应急资源可能被多个应急子任务所依赖，协商效率往往较低。一方面，这是因为应急资源协商难度会随着参与者的增加而提高；另一方面，是因为应急资源的调配和协调往往受现场最高应急决策层级统一指挥，应急行动小组这一层级的级别相对较低，没有擅自调配应急资源的权利。如果在现场应急决策的最高层级进行应急资源的协商，应急资源被统一分配管理，这种情况也不现实。基于以上原因，这里将研究在中间层次的应急决策层级进行应急资源的协商工作，即现场（区域）应急决策者。因此，这里识别的共享应急资源为多个应急目标下的应急子任务间的共享资源。

应急任务网络中当多个应急目标直接或间接地依赖某个应急子任务节点时，它们将共享与该应急子任务相关的应急资源。因此，识别共享应急资源可以转化为识别应急目标共同依赖的应急子任务。通过应急任务网络的可达矩阵，可以很容易地识别出共享的应急子任务，但并不能识别出每个应急目标对这些共享应急子任务的依赖程度。识别灾害事故应急处置过程中的共享应急资源是为了进行合理的协商，通常情况下，当一个应急子任务同时被所有的应急目标以相同的程度依赖时，该应急子任务相关联的应急资源就会处于严重的争用状态。此时，不同应急目标的应急决策者在对应急资源使用的数量和时间上很难达成一致。如果不能意识到自己的应急目标的重要性以及其他应急目标的重要性，现场（区域）应急决策者就会认为自己负责的应急目标具有应急资源使用的优先权，在与负责其他的应急目标的现场（区域）应急决策者协商过程中就不会让步。为了避免这种非理性的协商过程，这里识别了所有应急目标以相同程度依赖的共享应急资源，从而为灾害事故应急处置过程中多方应急资源协商提供指导信息。

这里通过观察应急任务网络中每个应急子任务节点 WPP 指标值随时间的变化趋势识别共享应急资源。从公式(5.14)可以看出，应急子任务节点 WPP 指标值的第一部分不会随应急目标重要性程度 $w_{g_k}(t)$ 的改变而变化，而第二部分往往会随应急目标重要性程度 $w_{g_k}(t)$ 的改变而变化。但是，当应急子任务节点 T_i 被所有的应急目标以相同的程度依赖时，应急子任务的 WPP 指标值就不会因应急目标重要性程度 $w_{g_k}(t)$ 的变化而改变。如推演式(5.15)所示，此时 WPP 值的第二部分将恒等于 $1/d$，其中 d 是指应急任务网络中应急目标 g_k 对应急子任务 T_i 的可达距离。

$$\sum_{k=1}^{G} \frac{w_{g_k}(t) \times R(g_k, T_i)}{d(g_k, T_i)} = \frac{\sum_{k=1}^{G} w_{g_k}(t)}{d} = \frac{1}{d} \tag{5.15}$$

由于应急子任务节点 WPP 指标的这一特征，这里设计了以下两个简单步骤用以识别应急处置过程中的共享应急资源。

Step1：计算出应急任务网络中所有应急子任务节点在一系列时刻上的 WPP 指标值。

Step2：观察每个应急子任务节点的 WPP 指标值在一系列时刻点上的变化情况。如果无变化，则与该任务节点对应的应急资源可视为所有应急目标以相同程度依赖的共享资源，即共享争用资源。

（三）应急资源配置协调过程

重大灾害事故现场应急资源配置是一项复杂而繁重的任务，涉及应急资源调度的种类、数量，以及对现场有限资源的优化配置和协调。根据前两节对任务重要性以及共享应急资源的分析，灾害事故发生后现场应急资源的配置分为以下三个步骤：

（1）应急资源的调度。按照应急资源需求分析方法步骤，利用"情景-资源"分析出所需要的各类应急资源，而后估算出现场应急处置各类资源的需求总量，按照就近原则实施调度。

（2）应急资源的优化分配。针对重大灾害事故应急现场处置初期应急资源短缺的情况，根据应急任务网络的构建和分析，计算各项应急子任务的重要性程度，根据应急任务的重要性程度由高到低实行优先分配应急资源，确保关键应急子任务所需的应急资源得到充分满足。

（3）共享资源的协调。重大灾害事故现场不同应急区域或不同应急目标可能存在对同一种或数种应急资源依赖程度相同的情况，导致同一应急资源争用的现象，根据前面部分应急任务网络的构建和分析，了解哪些应急目标会争用同一应急资源，可以为区域应急决策者之间应急资源使用的协调工作提供准确的信息。

通过以上三个步骤，可实现重大灾害事故现场各类应急资源的估算以及分配和协调，使现场应急资源配置工作更加顺畅协调，从而保证重要应急任务的完成有充足的资源保障，对于争用资源的使用协调更加准确、快捷，使应急处置整体过程高效有序。

第四节
实例分析

基于"情景-任务-资源"的重大灾害事故应急方案生成是通过识别灾害事故的关键情景，利用 RHI 模型制定出现场应急目标；在此基础上，以应急目标为中心，结合应急指挥层级构成，对应急行动任务进行层层分解，并对分解后的任务进行可行性分析，再考虑应急任务和行动小组两大类影响因素，对分解后的应急子任务进行分配；基于分解后的应急子任务，利用"滚雪球"方法，构建应急任务网络，分析各任务节点的重要性程度和共享争用资源，用于应急处置前期应急资源短缺情况下的应急资源优先配置和协调工作；最终，呈

现出包括应急目标、任务分解和分工、资源优化配置在内的应急方案，实现基于"情景-任务-资源"的重大灾害事故应急方案生成。

以"3·21"盐城响水爆炸事故为例进行实例分析。2019 年 3 月 21 日 14 时 48 分，江苏省盐城市响水县生态化工园区天嘉宜化工有限公司发生特别重大爆炸事故。江苏天嘉宜化工有限公司位于江苏响水生态化工园区大和路 1 号，主要生产间羟基苯甲酸、苯甲醚、对叔丁基氯苯、氯代叔丁烷等。园区位于响水县陈家港以西 1 公里处，地处东经 119°～120°05′，北纬 34°32′～36°56′ 之间，东濒黄海仅 18 公里，北枕灌河，距离灌河最近处仅 1 公里左右。园区内共有企业 55 家，其中基础设施配套企业 3 家，医药企业 14 家，农药企业 7 家，染料企业 13 家，基础化工企业 2 家，其他精细化工企业 16 家。事故发生后，有关部门共调集 2000 余名消防指战员、263 辆消防车、100 余台工程机械以及事故处置专家组参与应急救援，经过 82 小时的艰苦奋战，事故于 3 月 25 日零时被基本控制消除。该起爆炸事故发生后调动力量多、危害范围广、被困人员多、事故灾情复杂，是典型的重特大灾害事故，必须科学、及时地制定出行之有效、实施有序的应急方案。

一、灾害事故现场应急目标制定

（一）灾害事故情景获取

灾害事故情景获取，主要是通过各种侦察手段获取灾害事故现场各类情景信息，而后对情景信息进行分析、判断，对灾害事故情景的构成要素进行比较详细的描述。

（1）致灾因子。按照致灾因子来源分类，该事故发生的直接致灾因子属于人为致灾因子，由于天嘉宜公司旧固废库内长期违法储存的硝化废料持续积热升温导致自燃，燃烧引发爆炸。爆炸发生后，引发周围化工装置爆炸，周围化工装置又转化为新的致灾因子，引发更大范围内的爆炸，最终形成此次重特大爆炸事故。此次事故中涉及大量化工企业，生产、储存各类危险化学品以及有毒物质，在获取情景信息时要通过查阅资料、询问、现场侦察检测等手段，对各类危化品和有毒物质的种类、数量、位置进行较为详细的了解和掌握。灾害现场主要致灾因子种类、状态、侦察手段如表 5.5 所示，图 5.11 为无人机在某次事故侦察中拍摄的照片。

表 5.5　现场致灾因子种类和状态

种类	状态	侦察手段
核心区爆炸	威力大、影响范围广	无人机侦察
危化品	种类多、性质复杂	查阅资料、询问、现场检测
火灾	猛烈燃烧	无人机侦察

图 5.11　现场无人机侦察图

（2）承灾体。是指致灾因子的施加对象，即此次爆炸事故中化工装置、建（构）筑物、工作人员、基础设施、周围群众、生态环境等。此次事故中，由于涉及化工园区大量危化品以及有毒物质，加上事故发生在工作时间段，爆炸形成的冲击波范围广、强度大，被困人员多、受灾群众广，在获取灾害事故情景信息时要使用各类侦察手段，侦察整个受灾的区域和受破坏严重程度、可能发生二次灾害的承载体、人员被困集中区、周边生态环境等，便于后期的应急救援具有针对性，从而减少事故造成的影响和危害。灾害现场主要承灾体种类、状态、侦察手段如表 5.6 所示。

表 5.6　现场承灾体种类和状态

种类	状态	侦察手段
苯罐等危化品储罐	猛烈燃烧或受严重威胁	无人机侦察、平面图等资料查看
工作人员	死伤严重或被困	现场查看、咨询管理人员
周围地区人和物	受伤或受损	实地查看、无人机侦察、信息收集
周围水源、河海	严重受威胁	平面图查看、实地查看

（3）孕灾环境。孕灾环境是对致灾因子和承灾体所处外部环境的描述，是突发事件发生发展演化的环境，此次爆炸事故中孕灾环境相当复杂。天嘉宜化

工有限公司位于江苏响水生态化工园区，东濒黄海 18 公里，北枕灌河仅 1 公里左右，园区内共有化工企业 55 家，周边有居民区、学校等人员密集场所，且园区化工企业生产和储存危化品种类杂、数量多，工作人员多。由于孕灾环境的复杂性，致灾因子一旦失控，致灾因子、承灾体、孕灾环境相互作用，会使致灾因子造成的危害和影响最大化，最大程度损害周边人员生命、物质财产以及破坏生态环境等，因此要对孕灾环境进行全局把握，掌握灾害事故现场整体情况。图 5.12 为事故地理位置。

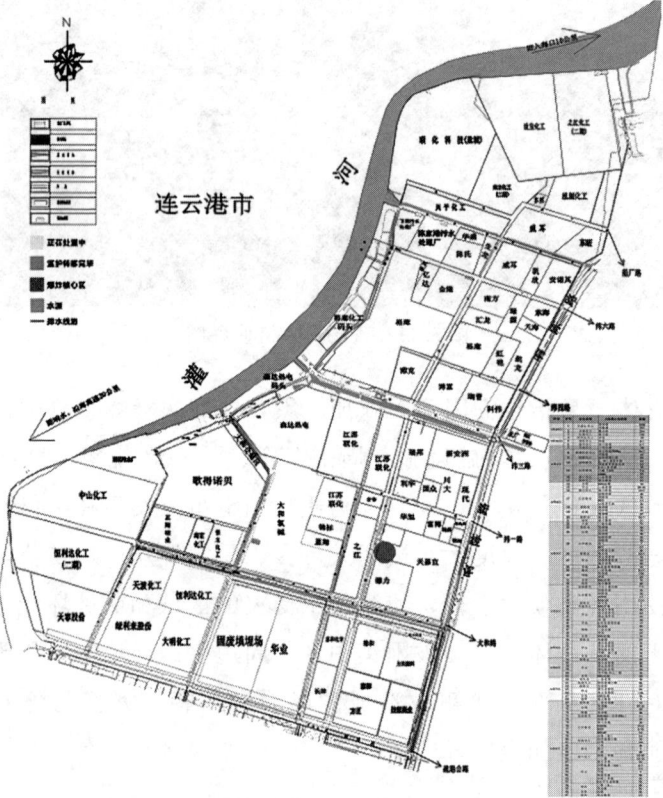

图 5.12　事故地理位置

（二）关键情景的识别

通过对此次爆炸事故案例调查研究，该事故发生后现场应急救援人员可以利用指向性分析法，通过查阅资料、实地侦察检测等手段，掌握事故现场情况，分析关键情景可能所处方位、范围。

主要方位 1：爆炸核心区及其周边区域。由于天嘉宜化工有限公司连续发生两次爆炸，爆炸相当于数十吨 TNT 炸药爆炸当量，根据地震部门检测，疑似为 3.0 级地震。爆炸产生的强大冲击波致使爆炸核心区形成直径约 120m、深约 2m 的大坑，核心区 150m 范围内被夷为平地，化工装置完全摧毁，管线拉断、管廊坍塌，500m 范围内建（构）筑物断壁残垣，周边 1.4km 范围 16 家化工企业均严重损毁，整个园区 42 家化工企业不同程度地受灾，5 公里范围内的车辆、建筑玻璃被震碎，30 公里外有明显震感。爆炸导致数千吨危化品散落在方圆 1 公里范围内，现场大量危化品泄漏、混杂、散落，殉爆区 8 处起火，随时可能引起连环爆炸和连锁反应。事故园区紧邻灌河黄海入海口，大量高毒有害物质一旦处理不当，将给周边数十平方公里区域和灌河、黄海水域带来不可估量的灾难。

主要方位 2：危化品生产、储存部位。由于发生爆炸的天嘉宜化工有限公司，共有危化品 17 种，包括硝基苯、苯、甲醇、氢气等易燃易爆品。其周边毗邻化工企业 15 家，共有危化品 207 种，存量约数十万吨，其中氯苯、甲苯、液氯、液氨、氯丙酮（受热分解产生光气）等有毒物质 102 种；硝基苯、氢气、甲醇、丙烯酸乙酯、丙烯腈等易燃易爆物质 45 种；浓硫酸、盐酸、硝酸、氢氧化钠等强酸强碱 15 种；镁、磷、保险粉等遇水自燃的物质 4 种。爆炸发生后，各类危化品大量泄漏，相互混合、反应，成分复杂，现场无法控制，危险性极大。

主要方位 3：厂区工作车间、周边住宅区、学校。此次爆炸导致 78 人遇难和 600 余名群众受伤，人数众多、分布范围广、位置不明。现场道路严重破坏，救援车辆难以进入，人员搜救纵深距离长达 1 公里。现场燃烧爆炸不断，空气弥漫大量有毒有害气体，各种酸液、废液交混流淌、积聚，并大量挥发形成大面积酸雾，严重威胁着处置人员安全。被困人员被埋压在倒塌建筑的废墟及倾覆的化工装置、釜罐之下，救援过程随时可能发生二次爆炸等次生灾害，救援难度极大。

在指向性分析的基础上，再利用定位性分析和综合性分析，根据灾情严重程度和轻重缓急，识别出关键情景，三个主要关键情景如表 5.7～表 5.9 所示。

表 5.7　关键情景 1：爆炸区危化品火灾

类别	属性	内容
致灾因子	种类	爆炸火灾
	状态	猛烈燃烧
承灾体	种类	罐体及内部危化品
	状态	8 处着火点、罐体高温、局部坍塌

类别	属性	内容
孕灾环境		危化品管线拉断、管廊坍塌 周围危化品、高毒物质储罐种类多、数量大 酸液、废液流淌积聚 周边有灌河、黄海水域

表 5.8　关键情景 2：大量人员被困

类别	属性	内容
致灾因子	种类	爆炸引起的建筑(构)物坍塌
	状态	坍塌物杂乱,可能发生二次坍塌
承灾体	种类	车间工作人员和周边群众
	状态	人数众多,分布范围广,位置不明
孕灾环境		坍塌区有毒有害物质多,酸液、废液流淌积聚 有毒有害气体弥漫,流淌酸液形成酸雾 坍塌区域建(构)筑物数量多、种类杂 爆炸核心区周围建有住宅、学校等

表 5.9　关键情景 3：众多有毒物质分布弥散

类别	属性	内容
致灾因子	种类	有毒有害危化品
	状态	种类不明、理化性质不明,四处分散
承灾体	种类	人员、牲畜、生态环境
	状态	数量多、位置分散,距离近
孕灾环境		有毒有害危化品多,交混流淌,毒气弥散 现场被困人员、救援人员、周边群众、周围住宅、学校、村庄 现场北面 1 公里处有灌河 现场东面濒临黄海 18 公里

（三）应急目标制定——基于 RHI 模型

（1）形成初步意图。在确定灾害事故现场关键情景后,考虑到以下现实条件:

① 前期到场消防救援人员等应急力量资源不足;

② 罐体火灾火势大,短时间内不能扑灭,且灭火剂等应急物资资源不足;

③ 罐体存在爆炸风险,应急救援环境恶劣。

现场应急决策者根据关键情景 1、关键情景 2 和关键情景 3,形成了如下初步意图:

① 全力扑救危化品罐体火灾,冷却周围罐体,防止态势恶化。

② 同步开展被困人员搜救，科学施救，保证救援人员自身安全。

③ 做好防护工作。

（2）更新行动意图。现场应急指挥决策者在形成初步行动意图后接到上级领导命令和指示：一是全面核查核心区人数，确保无一失联；二是搜救必须要有支队长或大队长带队，讲清现场风险，懂得现场处置要点；三是消防指战员要做好个人防护，注意自身安全；四是要把几个关键点看住，防止出问题；五是搜救出来的人员要及时送医，医院千方百计开展救治；六是要防止次生灾害，废水流向要严格控制，严防流进灌河和海里；七是要了解现场还有什么风险，以防对救援人员造成二次伤害。

根据上级领导意图和指示，要以抢救人员生命为第一目标，争取在 72 小时黄金救援时间内搜救出更多被困人员，同时，要注意环境保护工作。应急指挥决策者对初步意图进行如下更新。

① 扑灭危化品储罐火灾，冷却着火罐周围危化品储罐和装置。

② 尽全力实施内部侦察搜救，由支队长或大队长带队，确保无人员失联；搜救出的人员及时送医救治。

③ 防止有毒有害物质以及灭火废液流进灌河和海里，造成次生灾害。

④ 加强防护洗消工作，现场应急处置人员注意安全。

（3）制定应急目标。现场指挥决策者在听取专家意见和上级领导指示后，对行动意图进行更加全面、科学的更新，再根据现场灾情实际和应急救援力量实际对具体应急目标进行制定，形成的应急目标如表 5.10 所示。

表 5.10　应急目标内容

目标	内容
任务目标 g_1	对着火危化品储罐及周围储罐、装置进行冷却抑爆，待灭火剂调集充足发起总攻，扑灭火势
任务目标 g_2	增调应急救援人员，进行爆炸区及周围地毯式搜救，确保无一失联；搜救出的人员要及时送医救治
任务目标 g_3	协调环境保护部门，对有毒有害物质和灭火废液进行监测，筑堤引流，中和稀释
任务目标 g_4	增调洗消设备和防护装备，对作业人员、车辆、装备进行严格洗消，保证应急救援人员安全

二、应急任务的分解分配

（一）任务分解

根据应急任务分解的原则和标准，此次灾害事故的应急处置可被分解为如下 4 个应急目标：T_1 消灭罐体火灾；T_2 被困人员的搜救；T_3 降低环境污染；T_4 救援人员和装备洗消。

按设定的子任务描述格式，以 T_1 消灭罐体火灾为例，对照独立子目标列举其相应的任务属性，同时设定属性重要程度及判断阈值。如对于待定子任务 T_1 的相关信息可以描述为，目的 F：消灭罐体火灾；属性 P：强辐射热、高毒性、在爆炸可能、供水需求高、灭火剂需求多。

在应急处置专家对属性 1～5 分别设定其重要程度为 04、0.5、0.4、1.0、1.0 后，综合分析该任务的处置难度和重要性设定阈值 $\lambda_1=0.75$。通过 Q 值计算，在待选应急处置单位中对待定 T_1 进行可行性判断。搜索所有应急行动小组可知，没有相应的应急行动小组 Q 值大于前面设定的阈值 λ_1，因此，没有相应的应急行动小组能同时满足以上 5 个任务属性，要对待定 T_1 进行继续分解，并考察子任务间的交互和影响。再根据任务属性，任务 T_1 消灭罐体火灾可继续分解为以下 5 个方面｛罐体高温，罐体火势，流淌火，用水量高，防护装备｝，映射出相应的应急子任务：①T_{11} 罐体冷却、灭火，②T_{12} 内部关阀，③T_{13} 消灭流淌火，④T_{14} 远程供水，⑤T_{15} 灭火剂调集。再以 T_1 消灭罐体火灾下的 T_{14} 远程供水任务为例分析各项子任务的分解可行性，设定新的阈值 λ_1'，同样计算所有应急行动小组的 Q 值，搜索所有应急行动小组，存在 3 个应急行动小组 S_1、S_2、S_3 的 Q 值大于设定的阈值 λ_1'（S_1 指南京支队特勤消防救援站、S_2 指苏州支队特勤消防救援站、S_3 指无锡支队特勤消防救援站），表示这三个行动小组能完成该任务，说明该功能粒度与应急行动小组匹配，同样，其他子任务进行相同操作，粒度大小合适，说明对于 T_1 基本分解彻底。同时，如图 5.13 所示，建立任务 T_1 消灭罐体火灾的数值有向图，考察其耦合强度。

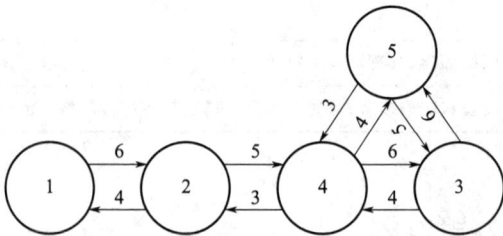

图 5.13　子任务数值有向图

综合考虑罐体火灾应急处置过程及其周边环境，依据公式，取 λ' 值为 6，对图 5.13 子任务的耦合强度进行计算分析，可得 $O_{12}=(6\times4)^{1/2}=4.9$，

$O_{24} = (5 \times 3)^{1/2} = 3.9$，$O_{345} = [(3 \times 4)^{1/2} \times (6 \times 4)^{1/2} \times (6 \times 5)^{1/2}]^{1/3} = 4.8$。分析可知子任务间耦合强度不足以进行任务聚类、组合，子任务满足可行性判断。同上，对于任务 T_2，T_3，T_4 进行相应分解，并进行可行性判断和耦合性分析。T_2 可分解为：T_{21} 被困人员位置侦察，T_{22} 救援人员调集，T_{23} 大型挖掘机等起重机械调集，T_{24} 伤员运送。T_3 可分解为：T_{31} 污染源排查，T_{32} 污染源运转，T_{33} 污水抽排，T_{34} 酸碱中和，T_{35} 回填爆坑。T_4 洗消任务粒度适中，有相应的应急处置单位满足其任务属性，故不再分解。整个应急处置任务分解的结果可用图 5.14 中的目标-任务树来表示，应急处置过程各项子任务如表 5.11 所示。

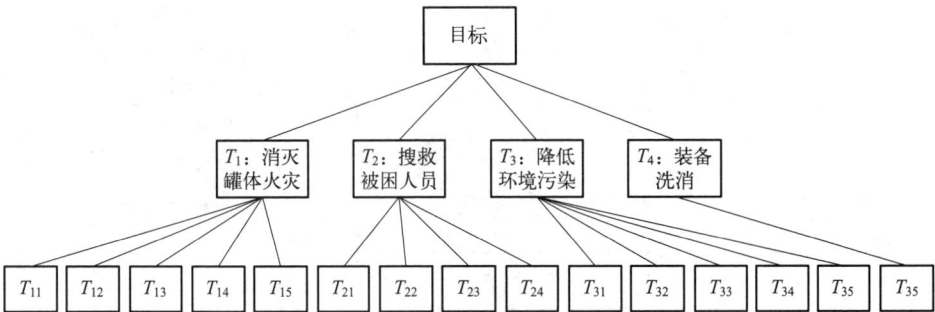

图 5.14 任务分解目标-任务树

表 5.11 应急子任务列表

序号	任务名	序号	任务名	序号	任务名
n_1	着火苯罐冷却	n_{12}	医疗器械储备	n_{23}	舆论控制与导向
n_2	着火苯罐扑救	n_{13}	医护人员调集	n_{24}	消防救援增援力量调集
n_3	流淌火扑救	n_{14}	危险源排查	n_{25}	专业洗消力量调集
n_4	管廊装置火灾扑救	n_{15}	危险源运转	n_{26}	交通秩序维护
n_5	爆炸区内部关阀	n_{16}	污水抽排	n_{27}	周边公路街道清障
n_6	远程供水	n_{17}	灭火废液处理		
n_7	灭火剂调集	n_{18}	中和石灰调集		
n_8	被困人员搜寻	n_{19}	填坑砂土调集	g_1	罐体火灾扑救
n_9	被困人员营救	n_{20}	大气、水质环境监测	g_2	营救被困人员
n_{10}	大型挖掘机等调集	n_{21}	应急交通运输	g_3	降低事故污染
n_{11}	救护车调集	n_{22}	灾情态势信息实时发布	g_4	救援人员和装备洗消

（二）任务分配

基于以上任务分解得到的应急处置任务集合以及通过初步匹配的待选应急

处置单位集合，计算 z_{ij} 值对子任务进行分配。同样以子任务 T_1 消灭罐体火灾中的子任务 T_{14} 为例，说明任务分配过程。

（1）影响因素权重确定。指标的重要程度用最重要、较重要、重要、一般和不重要 5 个等级来描述，如表 5.12 所示。根据该任务在应急处置过程中的特点和地位，确定表中所示各级指标的重要程度。指标的重要性程度是通过对拥有同一上级指标的下级指标进行对比获得的。

表 5.12　各指标重要性权重

对象层	指标层		
	一级指标	二级指标	三级指标
应急行动小组影响因素	应急行动小组基本信息 F_1 最重要	人员情况 f_{11} 最重要	配齐情况 f_{111} 重要
			攻坚水平 f_{112} 较重要
		装备能力 f_{12} 较重要	配齐情况 f_{121} 一般
			先进水平 f_{122} 最重要
		地理位置 f_{13} 重要	
		通信能力 f_{14} 一般	
		自我保障能力 f_{15} 不重要	
	应急处置能力 F_2 重要	创新能力 f_{21} 较重要	竞赛获奖水平 f_{213} 重要
		历史经验 f_{22} 最重要	处置次数 f_{221} 最重要
			成功经验比例 f_{222} 一般
应急任务影响因素	关键程度 F_3 较重要	重要性比重 f_{31} 较重要	
		信息关联程度 f_{32} 重要	
	创新程度 F_4 重要	处置过程创新度 f_{41} 较重要	处置技术创新度 f_{411} 一般
			处置经验缺乏度 f_{412} 一般

将五个等级量化处理后，最重要、较重要、重要、一般和不重要相对于最低指标的标值分别是 1、0.875、0.75、0.625 和 0.5。设定 a_k^i 为统计指标层内分配影响因素重要程度所对应的量化值，则任务影响因素的重要程度比较值可用如下公式(5.16)来表示。

$$r_k^{ij} = \frac{1}{2}\left[1 \pm \frac{a_k^i - a_k^j}{\max\limits_{0 \leqslant i \leqslant n}(a_k^i) - \min\limits_{0 \leqslant i \leqslant n}(a_k^j)}\right] \tag{5.16}$$

以一级指标应急行动小组基本信息 F_1 所对应的五个二级指标为例对分配影响因素的相对权重进行计算说明，步骤如下：

$$\boldsymbol{R}_1 = \begin{matrix} f_{11} \\ f_{12} \\ f_{13} \\ f_{14} \\ f_{15} \end{matrix} \begin{bmatrix} r_1^{11} & r_1^{12} & r_1^{13} & r_1^{14} & r_1^{15} \\ r_1^{21} & r_1^{22} & r_1^{23} & r_1^{24} & r_1^{25} \\ r_1^{31} & r_1^{32} & r_1^{33} & r_1^{34} & r_1^{35} \\ r_1^{41} & r_1^{42} & r_1^{43} & r_1^{44} & r_1^{45} \\ r_1^{51} & r_1^{52} & r_1^{53} & r_1^{54} & r_1^{55} \end{bmatrix}$$

$$\boldsymbol{R}_1 = \begin{matrix} f_{11} \\ f_{12} \\ f_{13} \\ f_{14} \\ f_{15} \end{matrix} \begin{bmatrix} 0.5 & 0.625 & 0.75 & 0.875 & 0.875 \\ 0.375 & 0.5 & 0.625 & 0.75 & 0.751 \\ 0.25 & 0.375 & 0.5 & 0.625 & 0.625 \\ 0.125 & 0.25 & 0.375 & 0.5 & 0.5 \\ 0.125 & 0.25 & 0.375 & 0.5 & 0.5 \end{bmatrix}$$

通过 $\boldsymbol{R}_1$ 所示的相对重要程度矩阵可以得出在任务分配时，人员情况 f_{11}、装备能力 f_{12}、地理位置 f_{13}、通信能力 f_{14} 和自我保障能力 f_{15} 等五个指标的重要程度权重，其归一化后的权重可表示如下：

$$w_{F_1} = \begin{bmatrix} 0.29 & 0.24 & 0.19 & 0.14 & 0.14 \end{bmatrix}^\mathrm{T}$$

按照相同的方法，可以对同区域指标层内的影响因素重要程度权重进行计算。

（2）应急任务分配过程。将指标层中的影响因素数值是由下级指标计算所得，因而影响因素须从后往前计算，即从第三层指标开始计算。以任务 T_{14} 远程供水的分配为例，可知 S_1、S_2、S_3 应急行动小组都可以满足任务 T_{14} 远程供水的属性要求，通过计算能够执行任务 T_{14} 远程供水的三个应急行动小组基本信息的三级指标值，并进行归一化处理后如表 5.13 所示。

表 5.13　应急行动小组基本信息三级指标归一化数值

应急行动小组	f_{111}	f_{112}	f_{121}	f_{122}	f_{13}	f_{14}	f_{15}
S_1（南京支队特勤站）	0.3	0.34	0.3	0.35	0.5	0.4	0.34
S_2（苏州支队特勤站）	0.4	0.33	0.2	0.25	0.3	0.4	0.32
S_3（无锡支队特勤站）	0.3	0.33	0.5	0.4	0.2	0.2	0.34

按照如上步骤分别对任务分配影响因素指标体系表中的各个指标按量化准则进行计算，所得影响指数值及其权重如表 5.14 所示。

表 5.14　指标权重和指标值

一级指标	二级指标	三级指标	
应急行动小组基本信息 F_1 $W_1=0.7$	人员情况 f_{11} $W_{11}=0.29$	配齐情况 f_{111} $W_{111}=0.6$	$S_1=0.3$
			$S_2=0.4$
			$S_3=0.3$
		四级以上消防士占比 f_{112} $W_{112}=0.4$	$S_1=0.34$
			$S_2=033$
			$S_3=0.33$
	装备能力 f_{12} $W_{12}=0.24$	配齐情况 f_{121} $W_{121}=0.3$	$S_1=0.3$
			$S_2=0.2$
			$S_3=0.5$
		先进水平 f_{122} $W_{122}=0.7$	$S_1=0.35$
			$S_2=0.25$
			$S_3=0.4$
	地理位置 f_{13} $W_{13}=0.19$		$S_1=0.5$
			$S_2=0.3$
			$S_3=0.2$
	通信能力 f_{14} $W_{14}=0.14$		$S_1=0.4$
			$S_2=0.4$
			$S_3=0.2$
	自我保障能力 f_{15} $W_{15}=0.14$		$S_1=0.34$
			$S_2=0.32$
			$S_3=0.34$

一级指标	二级指标	三级指标	
应急处置能力 F_2 $W_2=0.3$	创新能力 f_{21} $W_{21}=0.55$	指挥员指挥水平 f_{211} $W_{211}=0.6$	$S_1=0.4$
			$S_2=0.3$
			$S_3=0.3$
		比武竞赛水平 f_{212} $W_{212}=0.4$	$S_1=0.45$
			$S_2=0.3$
			$S_3=0.25$
	历史经验 f_{22} $W_{22}=0.45$	处置次数 f_{221} $W_{221}=0.7$	$S_1=0.4$
			$S_2=0.2$
			$S_3=0.4$
		处置效果 f_{222} $W_{222}=0.3$	$S_1=0.34$
			$S_2=0.33$
			$S_3=0.33$
关键程度 F_3 $W_3=0.8$	重要性比重 f_{31} $W_{31}=0.55$	$f_{31}=0.8$	
	信息关联程度 f_{32} $W_{32}=0.45$	$f_{32}=0.1$	
创新程度 F_4 $W_4=0.2$	处置过程创新程度 f_{41} $W_{411}=0.6$	处置技术创新度 f_{411} $W_{411}=0.5$	$f_{411}=0.2$
		处置经验缺乏度 f_{412} $W_{412}=0.5$	$f_{412}=0.2$

利用表中数据，任务 T_{14} 的任务影响因素可用如下公式计算：

$$p_1=w_3F_3+w_4F_4$$
$$=w_3(w_{31}f_{31}+w_{32}f_{32})+w_4(w_{41}f_{41}+w_{42}f_{42})$$
$$=w_3[w_{31}f_{31}+w_{32}(w_{321}f_{321}+w_{322}f_{322})]+w_4[w_{41}(w_{411}f_{411}+w_{422}f_{422})+w_{42}f_{42}]$$
$$=0.55$$

即表示任务 T_{14} 可以分配给特勤消防救援站等级以上的应急行动小组。

任务 T_{14} 的第 j 个应急行动小组的影响因素可用如下公式计算：

$$z_{14j}=w_1F_1+w_2F_2$$
$$=w_1(w_{11}f_{11}+w_{12}f_{12}+w_{13}f_{13}+w_{14}f_{14}+w_{15}f_{15})+w_2(w_{21}f_{21}+w_{22}f_{22})$$
$$=w_1[w_{11}(w_{111}f_{111}+w_{112}f_{112})+w_{12}(w_{121}f_{121}+w_{122}f_{122})+w_{13}f_{13}+w_{14}f_{14}+$$
$$w_{15}f_{15}]+w_2[w_{21}(w_{211}f_{211}+w_{212}f_{212})+w_{22}(w_{221}f_{221}+w_{222}f_{222})]$$

将表中数据代入，可得 S_1、S_2 和 S_3 的优序度：

S_1：$z_{141} = 0.26 + 0.12 = 0.38$；$S_2$：$z_{142} = 0.23 + 0.12 = 0.35$；$S_3$：$z_{143} = 0.21 + 0.1 = 0.31$。

S_1、S_2 和 S_3 均为特勤消防救援站类的应急行动小组，同时，应急行动小组 S_1 的优序度 z_{141} 最大。因此可将罐体火灾扑救中的应急任务 T_{14} 远程供水任务择优分配给应急行动小组 S_1（南京支队增援力量）。同上，遵循前面所述分配原则及分配算法，其他子任务可按相同步骤进行分解后分配给各个增援支队下的行动小组，对于影响整个应急处置过程的核心任务须择优分配给最适合执行该任务的应急救援力量，子任务分配清单如表 5.15 所示。

表 5.15　应急子任务分配清单

序号	任务名	前期主要执行者	后期主要执行者
n_1	着火罐冷却	盐城、连云港、淮安救援支队	徐州、常州、苏州、南京救援支队
n_2	着火罐扑救	—	徐州、常州、苏州、南京救援支队
n_3	流淌火扑救	盐城救援支队	盐城、连云港、泰州、南通、常州救援支队
n_4	管廊装置火灾扑救	盐城救援支队	盐城、苏州、无锡、淮安救援支队
n_5	爆炸区内部关阀	盐城救援支队	盐城、淮安救援支队
n_6	远程供水	盐城救援支队	南京救援支队
n_7	灭火剂调集	盐城救援支队	灭火救援指挥部
n_8	被困人员搜寻	盐城救援支队	指挥部划分区域，所有到场力量分片负责
n_9	被困人员营救	盐城救援支队	指挥部划分区域，所有到场力量分片负责
n_{10}	大型挖掘机等调集	盐城救援支队	灭火救援指挥部
n_{11}	救护车调集	卫生部门	卫生部门
n_{12}	医疗器械储备	卫生部门	卫生部门
n_{13}	医护人员调集	卫生部门	卫生部门
n_{14}	危险源排查		指挥部划分区域，所有到场力量分片负责
n_{15}	危险源运转	—	指挥部划分区域，所有到场力量分片负责
n_{16}	污水抽排	—	联合环保部门
n_{17}	灭火废液处理	—	联合环保部门
n_{18}	中和石灰调集	—	灭火救援指挥部
n_{19}	填坑砂土调集	—	灭火救援指挥部

序号	任务名	前期主要执行者	后期主要执行者
n_{20}	大气、水质环境监测	环保部门	环保部门
n_{21}	应急交通运输	交通部门	交通部门
n_{22}	灾情态势信息实时发布	政府宣传部门	政府宣传部门
n_{23}	舆论控制与导向	政府宣传部门	政府宣传部门
n_{24}	灭火救援增援力量调集	灭火救援指挥部	灭火救援指挥部
n_{25}	专业洗消力量调集	灭火救援指挥部	灭火救援指挥部
n_{26}	交通秩序维护	公安部门	公安部门
n_{27}	周边公路街道清障	公安部门	公安部门

三、应急资源协调配置

（一）构建应急任务网络

根据任务分解结果，此次灾害事故共有四个基本应急目标："g_1 罐体火灾扑救""g_2 营救被困人员""g_3 降低事故污染""g_4 救援人员和装备洗消"。为了完成以上四个基本应急目标，分解出 15 个应急子任务，加上应急过程中的其他协同任务，需要众多部门共同完成 27 个主要应急任务，任务列表如表 5.15 所示。一个任务可由一个部门一个行动小组独立完成或多个部门合作完成。对所有应急任务进行网络构建和分析，以保证重要任务顺利完成和有限资源合理协调分配，构建的网络如图 5.15 所示。

（二）应急任务网络分析

基于构建的应急任务网络，应用网络分析方法，识别此次爆炸事故应急处置过程中的重要任务、应急目标的共享资源和每个任务的重要联系，这些信息将用于应急资源的优化协调配置，保证重要任务的顺利进行，协调争用资源使用。

在计算任务的重要性指标时，根据此次爆炸事故的具体情况可设定 $r_1 = r_2 = 0.5$，即网络结构和应急目标紧要程度对任务重要性的影响同等重要。爆炸发生后，首批救援力量到达现场，现场应急决策者对四个应急目标的紧要程度分别取 $w_{g_1}(t) = 0.4$，$w_{g_2}(t) = 0.3$，$w_{g_3}(t) = 0.1$，$w_{g_4}(t) = 0.2$。由公式（5.14）可计算出 26 个任务的 WPP 指标如表 5.16 所示。

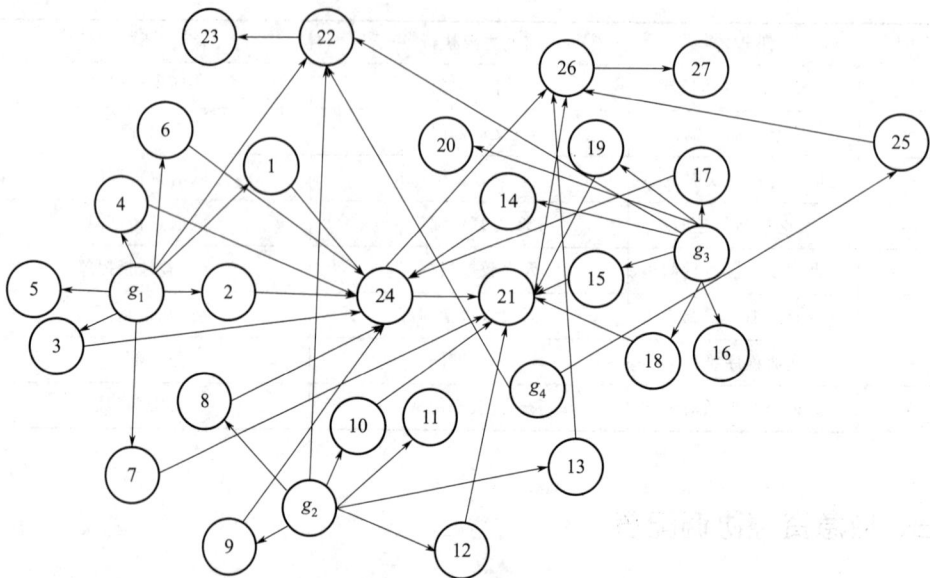

图 5.15　应急任务网络图

表 5.16　子任务 WPP 值

名次	任务	WPP	名次	任务	WPP
1	n_{22}	0.567	15	n_9	0.167
2	n_{26}	0.393	16	n_{10}	0.167
3	n_{27}	0.373	17	n_{11}	0.167
4	n_{24}	0.360	18	n_{12}	0.167
5	n_{23}	0.296	19	n_{13}	0.167
6	n_{21}	0.280	20	n_{25}	0.117
7	n_1	0.317	21	n_{14}	0.067
8	n_2	0.317	22	n_{15}	0.067
9	n_3	0.317	23	n_{16}	0.067
10	n_4	0.317	24	n_{17}	0.067
11	n_5	0.317	25	n_{18}	0.067
12	n_6	0.317	26	n_{19}	0.067
13	n_7	0.317	27	n_{20}	0.067
14	n_8	0.167			

通过分析表中的数据可以发现，WPP 指标下特别强调跟应急处置现场直接相关的应急任务，例如灾情态势信息发布和交通秩序维护，因此对于应急人力资源的调配，要充分确保这些任务的完成，为现场险情处置提供有力保障。

同时随着时间的变化，现场灾情态势的演化，$w_{g_1}(t)$，$w_{g_2}(t)$，$w_{g_3}(t)$，$w_{g_4}(t)$ 的值会发生变化，如后期目标"g_2 被困人员营救"的权重值就会大于"g_1 罐体火灾扑救"的重要性权重值，同时"g_3 降低环境污染"和"g_4 救援人员和装备洗消"的重要性权重值也会随之上升，相应的任务的重要性和与之密切相关的应急任务重要性也会随之发生变化。若灾情态势随时间发生变化，罐体火势逐渐被控制住，现场被困人员搜救任务、处理污染物、洗消作业都会逐步加重，取 $w_{g_1}(t)=0.1$，$w_{g_2}(t)=0.4$，$w_{g_3}(t)=0.25$，$w_{g_4}(t)=0.25$ 计算出的任务节点的 WPP 值对比如表 5.17。

表 5.17　WPP 值对比

名次	任务	WPP	任务	WPP	名次	任务	WPP	任务	WPP
1	n_{22}	0.567	n_{22}	0.567	15	n_9	0.167	n_{15}	0.242
2	n_{26}	0.393	n_{26}	0.388	16	n_{10}	0.167	n_{16}	0.242
3	n_{27}	0.373	n_{24}	0.348	17	n_{11}	0.167	n_{17}	0.242
4	n_{24}	0.360	n_{21}	0.302	18	n_{12}	0.167	n_{18}	0.242
5	n_{23}	0.296	n_{23}	0.296	19	n_{13}	0.167	n_{19}	0.242
6	n_{21}	0.280	n_{27}	0.282	20	n_{25}	0.117	n_{20}	0.242
7	n_1	0.317	n_8	0.296	21	n_{14}	0.067	n_1	0.067
8	n_2	0.317	n_9	0.296	22	n_{15}	0.067	n_2	0.067
9	n_3	0.317	n_{10}	0.296	23	n_{16}	0.067	n_3	0.067
10	n_4	0.317	n_{11}	0.296	24	n_{17}	0.067	n_4	0.067
11	n_5	0.317	n_{12}	0.296	25	n_{18}	0.067	n_5	0.067
12	n_6	0.317	n_{13}	0.296	26	n_{19}	0.067	n_6	0.067
13	n_7	0.317	n_{25}	0.242	27	n_{20}	0.067	n_7	0.067
14	n_8	0.167	n_{14}	0.242					

从表 5.17 中可以看出，随着时间变化都处于重要地位的任务包括 n_{21}，n_{22}，n_{23}，n_{24} 和 n_{26}。主要是新闻媒体发布、消防救援力量调集和交通管控三类，这是由于算法原因导致前后差异较小，也说明了前期处置这三者的重要性。后期由于危险品罐体火灾被基本扑灭，g_2、g_3、g_4 的重要性大幅度上升，致使与三个基本目标相关联子任务的重要性也随之大幅度上升，为应急资源的动态调整提供了直接准确的信息。

（三）应急资源配置方案

（1）应急资源需求分析。根据现场灾情实际，利用前文中基于情景的应急资源需求分析方法，所需的调度资源种类如表 5.18 所示。

表 5.18 应急资源需求一览表

事故情景	主要资源需求种类	估算需求数量
危化品罐敞开式 全液面燃烧	①大量消防救援人员；②远程供水车等；③大流量水枪、水炮；④泡沫灭火剂；⑤隔热服；⑥灭火防护服；⑦空呼供气车；⑧灭火防护靴	①消防指战员 500 名；②消防车 250 辆；③泡沫灭火剂 500t；④防护靴 500 双和灭火防护服 500 套以及抢险救援服 200 套；⑤隔热服 50 套；⑥远程供水系统 5 套
大量人员被困，须在黄金 72 小时内实施搜救	①大量消防救援人员；②生命探测器；③搜救犬；④一级、二级防护服；⑤工程机械车；⑥全面式、半面式防毒面具；⑦医护人员；⑧救护车	①消防指战员 500 名；②生命探测仪 10 套；③搜救犬 5 条；④一级防护服 50 套和二级防护服 1500 套；⑤工程机械车 20 辆；⑥全面式防毒面具 500 只和半面式防毒面具 1000 只；⑦医护人员 50 名；⑧救护车 20 辆
流淌火、危化品废液和 灭火废液威胁附近水质、 爆炸形成的爆坑	①沙土；②手抬机动泵；③大功率水泵消防车；④石灰等中和物质；⑤工程机械车；⑥环保部门人员	①沙土 20000m³；②手抬机动泵 50 台；③1000t 石灰；④工程机械车 50 辆
危险源量大、分散	①大量消防救援人员；②危化品运输车	危化品运输车 20 辆
现场浓酸流淌、酸雾飘散	①专业洗消人员；②洗消装备车辆	大型洗消车辆 5 辆

（2）识别应急目标共享资源。根据前文所述，如果一个任务的 WPP 指标值不随应急目标的紧要程度值变化而变化，则其为应急目标的共享资源。表中的显示，有 5 个任务的 WPP 值保持不变，这说明在应急处置行动中，资源争用是非常严重的，主要表现在信息和舆论、增援力量分配以及交通管控三个方面。

如在前期应急处置，"g_1 罐体火灾扑救"和"g_2 被困人员应急"存在非常严重的应急救援力量人力资源争用，这就要以任务的重要性程度为参考，前期优先保证"g_1 罐体火灾扑救"下的各项子任务的完成，防止灾情态势严重恶化，待基本得到控制后，灭火剂充足情况下消灭火势；后期，"g_1 罐体火灾扑救"目标得到稳定控制，消防救援力量的配置要迅速向其他任务倾斜，以"g_2 被困人员营救"为最主要目标，各项资源都要向其倾斜，存在资源争用的要进行相互协调，以保证重要程度高的子任务优先使用应急资源，以保证应急态势向理想方向发展，减少灾害造成的损失。共享资源协调对象如表 5.19 所示。

表 5.19　存在资源争用情况

共享资源	争用任务对象
n_{22}、n_{23}	g_1、g_2、g_3、g_4
n_{21}、n_{26}	n_7、n_{11}、n_{13}、n_{15}、n_{18}、n_{19}、n_{24}
n_{24}	n_1、n_2、n_3、n_8、n_9、n_{17}

（四）应急方案呈现

在上述对关键事故情景、应急目标、主要应急子任务、任务分配以及资源协调配置分析后，应急方案的内容主要包括关键情景、目标、任务、执行者以及资源协调 5 大项，该实例的应急方案主要内容呈现如表 5.20 所示。

表 5.20　"3·21"盐城响水爆炸事故应急方案

"3·21"盐城响水爆炸事故应急方案	
目标	
任务目标 g_1	对着火危化品储罐及周围储罐、装置进行冷却抑爆,待灭火剂调集充足发起总攻,扑灭火势
任务目标 g_2	增调应急救援人员,进行爆炸区及周围地毯式搜救,确保无一人失联;搜救出的人员要及时送医救治
任务目标 g_3	协调环境保护部门,对有毒有害物质和灭火废液进行监测,筑堤引流,中和稀释
任务目标 g_4	增调洗消设备和防护装备,对作业人员、车辆、装备进行严格洗消,保证应急救援人员安全

任务、执行者		
序号	任务	主要执行者
n_1	着火罐冷却	徐州、常州、苏州、南京消防救援支队
n_2	着火罐扑救	徐州、常州、苏州、南京救援支队
n_3	流淌火扑救	盐城、连云港、泰州、南通、常州救援支队
n_4	管廊装置火灾扑救	盐城、苏州、无锡、淮安救援支队
n_5	爆炸区内部关阀	盐城、淮安救援支队
n_6	远程供水	南京消防救援支队
n_7	灭火剂调集	灭火救援指挥部
n_8	被困人员搜寻	指挥部划分区域,所有到场力量分片负责
n_9	被困人员营救	指挥部划分区域,所有到场力量分片负责
n_{10}	大型挖掘机等调集	灭火救援指挥部
n_{11}	救护车调集	卫生部门

序号	任务	主要执行者
n_{12}	医疗器械储备	卫生部门
n_{13}	医护人员调集	卫生部门
n_{14}	危险源排查	指挥部划分区域,所有到场力量分片负责
n_{15}	危险源运转	指挥部划分区域,所有到场力量分片负责
n_{16}	污水抽排	联合环保部门
n_{17}	灭火废液处理	联合环保部门
n_{18}	中和石灰调集	灭火救援指挥部
n_{19}	填坑砂土调集	灭火救援指挥部
n_{20}	大气、水质环境监测	环保部门
n_{21}	应急交通运输	交通部门
n_{22}	灾情态势信息实时发布	政府宣传部门
n_{23}	舆论控制与导向	政府宣传部门
n_{24}	灭火救援增援力量调集	灭火救援指挥部
n_{25}	专业洗消力量调集	灭火救援指挥部
n_{26}	交通秩序维护	公安部门
n_{27}	周边公路街道清障	公安部门

应急资源

主要资源需求种类	估算需求数量	协调任务对象
消防救援人员	1000 名	n_1、n_2、n_3、n_4、n_5、n_6、n_8、n_9、n_{17}
泡沫灭火剂	500t	n_1、n_2、n_3、n_4、n_5
消防车	250 辆	—
远程供水系统	5 套	—
手抬机动泵	50 台	n_{16}、n_{17}
隔热服	50 套	n_1、n_2、n_3
灭火防护服	500 套	n_1、n_2、n_3、n_4、n_5
灭火防护靴	200 套	n_1、n_2、n_3、n_4、n_5
抢险救援服	200 套	n_8、n_9、n_{17}
生命探测仪	10 套	—
搜救犬	5 条	—

主要资源需求种类	估算需求数量	协调任务对象
一级防护服	50 套	n_8、n_9、n_{17}
二级防护服	1500 套	n_8、n_9、n_{17}
工程机械车	70 辆	n_8、n_9、n_{18}、n_{19}、n_{27}
全面式防毒面具	500 只	n_8、n_9、n_{17}
半面式防毒面具	1000 只	n_8、n_9、n_{17}
砂土	20000m^3	—
石灰	1000t	—
危化品运输车	20 辆	—
洗消车	5 辆	—
医护人员	50 名	—
救护车	20 辆	—

本章小结

(1) 本章研究了重大灾害事故应急任务分解的原则和标准，为应急仟务的分解提供了依据，并对分解后的应急子任务进行了可行性分析和交互影响分析，主要考虑分解后的应急子任务有没有相应的应急行动小组符合执行标准。其次，交互影响分析主要考虑交互影响大的应急子任务能否合并执行，以使子任务更加可行可操作。最后，研究了应急子任务的分配问题，任务分配主要从任务影响和应急小组影响两大因素进行了研究，使得关键程度高、重要性高的应急子任务择优分配给满足执行要求的优质应急行动小组。

(2) 本章主要研究了基于灾害事故情景的应急资源分析，对于灾害事故现场应急资源需求量大、种类多的问题，利用情景分析来确定应急资源需求的种类，使得灾害事故现场关键情景所需的应急资源一目了然，便于现场应急处置过程所需资源的调度。利用"滚雪球"的方法，构建了应急任务网络并对该网络进行分析，分析每个任务关键程度和重要性，识别出了应急目标和应急任务之间的共享应急资源，便于应急处置过程中共享应急资源争用的协调，使得应急资源协调问题程序更加简化、快捷。

（3）本章主要对江苏"3·21"响水特大爆炸事故案例进行了实例分析，利用"情景-任务-资源"的应急方案生成方法，对该案例中灾害事故关键情景从识别到应急目标的制定，再到应急任务的分解和分配，以及最后的应急资源分析和协调问题进行了研究，实例验证了该应急方案生成方法制定出的各项应急方案内容清晰、明了，具有科学性和可操作性，可以为重大灾害事故应急方案生成提供方法参考。

第六章
应用与展望

重大灾害事故一旦发生，往往很难提前预测、预警，导致应急决策主体反应时间有限，灾害现场信息缺失、救援环境复杂使现场灾害情景的构建变得困难，成熟可靠的事故应急决策制定缺乏情景依托，随后需要进行的任务分配与资源配置工作无法展开。综上所述，为了有效进行事故决策，就必须积极研究重大灾害事故信息的采集与处理。利用"边缘计算"型决策信息采集方式能更加合理地传输现场即时需要的灾害信息，提高信息传输的效率，基于"信息-情景-应对"模式对灾情演化机理、情景演变路径、决策动态优化等关键技术进行系统研究，使消防救援队伍指战员快速识别影响事故演化的关键要素、全面认识当前灾情状态和未来发展态势、深刻把握应急决策指挥变化与事故灾情状态演化之间的内在规律，在复杂事故情景下，科学地制定出比较成熟的应急处置方案，提升重大灾害事故应急响应处置水平。

本书在对课题研究背景及意义进行分析的基础上，从重大灾害事故演化机理、边缘异构信息融合、事故现场情景构建、事故决策分析与优化、应急任务分解分配、应急资源配置等多个方面，对重大灾害事故应急决策模型构建的关键技术及其应用进行了研究论述。本书的主要研究成果与应用方向如下。

第一节

研究的主要成果

（1）研究了基于区域灾害链的重大灾害事故灾情演化机理。针对重大灾害事故空间上群聚、时间上群发的特点，立足于消防救援队伍应急决策指挥需求，分析事故演化形式、系统内构成要素之间的关系，以不同事故区域内承灾体为核心，进行灾情的链式演化机理分析。

（2）通过对历年经典案例的分析，筛选出灾害现场真正影响决策的灾害信息，通过数学方法分析，生成重大灾害事故现场决策信息层次图，厘清影响现场指挥决策的关键信息，规范了救援人员到场进行信息采集的流程，为现场应急决策提供了充分必要的信息依据。

（3）研究了基于边缘计算法的重大灾害事故异构信息融合方法。提出构建重大灾害事故现场信息融合模型，通过边缘信息采集、边缘服务器存储、边缘数据处理等模块，解决了灾害现场信息传输时延问题，提高了灾害现场信息传输效率，实现异构信息快速融合。

（4）针对异构数据冗杂性等问题，提出利用数据标注的方法对边缘异构信息进行语义标注，使得从异构数据到决策信息再到灾害情景的整体流程畅通，解决了从灾害信息存储到灾害信息调用的整体性问题。

（5）研究了基于情景的重大灾害事故情景表示方法。针对灾情演化的区域性特点，通过提取时空要素、致灾因子要素、灾情状态要素、承灾体要素四类特征要素，分析情景演变规律，划分顺序、并发、耦合、汇集四种路径演化关系，构建事故情景链路图。研究了基于随机 Petri 网的重大灾害事故情景表示方法。从情景演变规律、消防实际救援情况两个角度出发，分析情景与随机 Petri 网的关系，实现利用情景定性构建情景链路的基础上，利用随机 Petri 网实现情景链路的重构，为定量分析关键情景事故决策奠定基础。

（6）研究了基于马尔可夫链的重大灾害事故决策分析与优化方法。依据随机 Petri 网与马尔可夫链的同构关系，构建决策分析与优化模型。提出一种基于处置时间的决策实施强度计算方法，并引入三角模糊数理论，对灾情稳态概率进行优化计算。从静态分析、动态优化两个角度出发，分析决策变化下，关键情景状态、整个事故的演化趋势。

（7）结合重大灾害现场应急组织特点，确定了现场应急任务分解原则，分析了子任务分解的可行性以及子任务间的关联关系，综合考虑应急任务影响因素和行动小组影响因素，为应急子任务选择了最佳执行主体；根据事故应急处置具体特征，进行了应急任务网络构建及方法的分析，实现重大灾害事故前期应急处置有限资源的最优化配置。

第二节
应用的主要方向

（1）重大灾害事故，具有空间上群聚、时间上群发等特征，事故演化是不同区域灾情相互耦合作用的结果，承灾体之间的关联性是链接前后灾情状态演化的关键要素。在事故处置过程中，消防救援队伍指战员应重点关注不同事故区域的承灾体是否暴露在致灾因子的作用范围内、能否抵抗致灾因子的持续作用，从而针对性地制定应对策略。

（2）重大灾害事故发生时，现场信息冗杂、模糊，多数信息的准确度有待提高，且应用意义不大，全部收集浪费人力物力。重点应关注真正影响灾害现场灾情发展的关键信息，达到对灾害事故现场情况的充分认识，从而制定后续决策。重大灾害现场信息具有时效性，传统的数据处理模式传输效率低，传输逻辑有待商榷，利用边缘所存在的终端设备进行数据互联，减少原有数据传输过程中的复杂环节，能够更加便捷地实现灾害现场各单元之间的数据互联，提高决策效率。

（3）基于静态视角，重大灾害事故情景，是时空要素（TL）、致灾因子要素（D）、灾情状态要素（C）、承灾体要素（H）四类特征要素构成的情景，在空间上的叠加。基于动态视角，重大灾害事故情景是消防救援队伍作用于不同情景，产生的顺序、并发、耦合、汇集四种演化逻辑关系在时间上的发展。重大灾害事故情景模型给应急指挥部门提供了信息支撑。通过重大灾害事故情景模型，可以直观地对事故发生时间节点、事故发展情况等信息进行研判，从而帮助应急决策主体根据当前事故状态及演变趋势制定应急决策。

（4）重大灾害事故应急决策指挥，具有时间的紧迫性、显著的系统性等特征。因此，在事故处置过程中，应当结合情景的时空分解，建立现场总指挥员—区域指挥员—行动小组指挥员的三级指挥体系。根据不同阶段的情景演化特点，实施不同的决策方法，达到分级指挥决策、救援任务分解的目标。

（5）在定性分析重大灾害事故情景构建和应急决策指挥的基础上，利用随机 Petri 网、马尔可夫链、模糊数学等理论进行定量研究。基于随机 Petri 网的情景构建方法，将情景表示集中于事故灾情状态和应急决策指挥两方面，有利于消防救援队伍指战员快速识别当前灾情状态。基于马尔可夫链、模糊数学的决策分析与优化方法，通过事故决策的定量静态分析、动态优化，有利于消防救援队伍指战员了解历史案例中灾情处置重点、难点，以及决策变化与灾情状态演化之间的动态关系，为今后处置类似事故提供一定的理论支持和实际指导。

（6）考虑现实条件（Reality）、上级指示（Higher-up）、行动意图（Intention）三大因素，利用 RHI 模型及相应方法制定应急目标是更具有针对性、科学性和可实现性的。

（7）与当前灾害事故现场应急决策者在应急资源调度和协调方面的做法，这里研究的应急资源种类分析和协调过程更具全面性、针对性，对于共享应急资源的协调问题，这里研究的基于"滚雪球"的应急任务网络构建，更能直观地体现出应急处置过程中各项任务的重要性程度以及应急任务之间的关系，对于前期应急处置资源紧张的情况，可以保证重要性程度高的应急任务优先使用，对于争用资源者之间更加简单、快速地协调。

第三节
展望

重大灾害事故现场情况瞬息万变，其本身的复杂性导致决策信息采集的不完整性，行动指挥部门要完成准确、快速的决策指令下达，需要现场决策信息实时更新，实时构建现场灾害情景，生成科学可靠的应急决策，并根据决策内容分配应急任务，分解任务至各指挥层级，最后根据任务内容配置资源，保证整个应急救援过程顺利完成。本书综合各类方法对重大灾害事故应急决策问题进行了研究，但仍旧有以下几个方面有待加强与完善。

（1）在演化分析方面，针对重大灾害事故区域灾害风险进行定量评估分析。这里提出的重大灾害事故区域灾害链演化模型，从承灾体角度进行了事故演化的定性分析，使消防救援队伍指战员明确了影响事故演化的关键要素和发展形势。但是，决策主体更为关注的是事故区域内致灾因子的影响范围以及承灾体的风险大小，如何建立区域灾害链的风险评估体系，准确辨识可能发生的灾害链，是下一步研究的重点。

（2）在数据处理方面，本研究建立的重大灾害事故多层级信息图属于多灾害共用模型，针对不同灾害类型还须相对应地调整所采集的信息内容，要解决此问题还需后面更加深入地分析不同灾害类型特点，针对性地进行调整。这里所研究的边缘终端数据处理模型还处于理论阶段，后续研究中仍需加强以传感器实物等为研究基础的实践行动研究，从而避免整个数据处理过程中细节问题的出现。

（3）在情景构建方面，针对重大灾害事故情景构建的多源异构信息融合研究。这里提出的基于情景、随机 Petri 网的情景构建方法，核心和关键是事故现场信息的采集、分析。但是，随着信息化、数字化时代的到来，大数据技术将在重大灾害事故应急处置中被广泛应用，产生大量的多源异构信息，如何进行有效的采集、筛选、融合和应用，实现有效的情景构建是下一步需要研究的重点。

（4）在决策优化方面，针对重大灾害事故决策优化的隐性内在信息研究。这里提出的基于马尔可夫链、模糊数学等理论的决策优化方法中决策实施强度的计算，主要依据决策实施时间等显性的外部信息。在此基础上，通过分析单一决策实施强度变化下，不同灾情状态的演化趋势，研究决策变化与灾情演化之间的动态关系，从而优化应急决策指挥，提高事故处置效率。但是，指挥员在严峻环境下的心理状态、专家学者的理论知识、决策者群体的决策冲突等隐性内在信息，往往会对事故发展起到决定性作用。如何综合考虑主观、客观的评价指标，建立更加科学的决策优化评估体系是下一步研究的重点。

（5）在方案生成方面，现阶段研究的应急目标制定的 RHI 模型只是为灾害事故现场应急决策者提供制定思路和程序，如何实现"情景-目标"的智能化制定过程，是下一步深入研究的重点。本书研究的基于"情景-任务-资源"思路的应急方案生成方法，对于灾害事故情景的收集和分析相对较少，可大量收集灾害事故案例，对于不同的事故情景进行分析，以实现获取灾害事故情景就可以制定和呈现出相应的"情景-任务-资源"的应急方案。

参 考 文 献

［1］ 巩前胜. "情景-应对"型应急决策中情景识别关键技术研究［D］. 西安：西安科技大学，2018.

［2］ 于小兵，俞显瑞，吉中会，等. 基于信息扩散的东南沿海台风灾害风险评估［J］. 灾害学，2019，34（01）：73-77.

［3］ 彭蛟，张俊杰，彭小兵. 创业导师胜任力影响因素研究——基于模糊解释结构模型［J］. 企业经济，2020（02）：123-130.

［4］ 岳洪江，董敏凯. 社会科学成果转化影响因素解释结构模型分析［J］. 华东经济管理，2019，33（02）：176-184.

［5］ 补利军，于振江，邵泽开. 集成 DEMATEL/ISM 的高校消防安全管理影响因素研究［J］. 中国安全科学学报，2018，28（11）：129-134.

［6］ 段懿洋，任海英，何晓. 基于边缘计算的水面无人艇通信数据分发机制［J］. 舰船科学技术，2019，41（23）：93-98.

［7］ Chen Kai，Yu Yanwei，Song Peng. Find you if you drive：Inferring home locations for vehicles with surveillance camera data［J］. Knowledge-Based Systems，2020.

［8］ 王君. 城市防灾应急信息数据同步整合系统优化设计［J］. 灾害学，2019，34（02）：173-177.

［9］ Joanicjuse Nazarko，Anna Kononiuk. The critical analysis of scenario construction in the Polish foresight initiatives［J］. Technological and Economic Development of Economy，2013，19（3）：510-532.

［10］ Wang Y P，Weidmann U A，Wang H S. Using catastrophe theory to describe railway system safety and discuss system risk concept［J］. Safety Science，2017，91：269-285.

［11］ Chen H Y，Zhang Y S，Liu H，et al. Cause analysis and safety evaluation of aluminum powder explosion on the basis of catastrophe theory［J］. Journal of Loss Prevention in the Process Industries，2018，55：19-24.

［12］ 贾进章，董铭鑫. 基于突变级数法的大型商场火灾危险性评价［J］. 安全与环境学报，2018，18（01）：61-65.

［13］ Gao S，Sun H H，Zhao L，et al. Dynamic assessment of island ecological environment sustainability under urbanization based on rough set，synthetic index and catastrophe progression analysis theories［J］. Ocean and Coastal Management，2019，178：104790.

［14］ 陆秋琴，王金花. 基于系统动力学的仓库火灾事故影响因素分析［J］. 安全与环境学报，2018，18（05）：1767-1773.

［15］ 陈伟珂，张欣. 危化品储运火灾爆炸事故多因素耦合动力学关系［J］. 中国安全科学学报，2017，27（06）：49-54.

［16］ Tae H W. Analysis of nuclear fire safety by dynamic complex algorithm of fuzzy theory and system dynamics［J］. Annals of Nuclear Energy，2018，114：149-153.

［17］ 陈安，周丹. 突发事件机理体系与现代应急管理体制设计［J］. 安全，2019，40（07）：16-23. DOI：10.19737/j. cnki. issn1002-3631. 2019. 07. 002.

［18］ 尹念红. 面向突发事件生命周期的应急决策研究［D］. 成都：西南交通大学，2016.

［19］ 武旭鹏，夏登友，李健行. 非常规突发事件情景描述方法研究［J］. 中国安全科学学报，2014，24

（04）：159-165.

[20] 杨峰，姚乐野. 危险化学品事故情报资源的情景要素提取研究 [J]. 情报学报，2019，38（06）：586-594.

[21] 朱伟，刘呈，刘奕. 面向应急决策的突发事件情景模型 [J]. 清华大学学报（自然科学版），2018，58（09）：858-864.

[22] 宋英华，刘含笑，蒋新宇，等. 基于知识元与贝叶斯网络的食品安全事故情景推演研究 [J]. 情报学报，2018，37（07）：712-720.

[23] 夏登友，钱新明，段在鹏. 基于动态贝叶斯网络的非常规突发灾害事故情景推演 [J]. 东北大学学报（自然科学版），2015，36（06）：897-902.

[24] 周扬，夏登友，高平. 城市商业综合体建筑火灾事故演变路径分析 [J]. 中国安全科学学报，2018，28（02）：170-174.

[25] 舒其林. "情景-应对" 模式下非常规突发事件应急资源配置调度研究 [D]. 合肥：中国科学技术大学，2012.

[26] 张明红，佘廉. 基于情景的突发事件演化模型研究——以青岛 "11·22" 事故为例 [J]. 情报杂志，2016，35（5）：65-71.

[27] 马文娟，刘坚，蔡寅，等. 大数据时代基于物联网和云计算的地震信息化研究 [J]. 地球物理学进展，2018，33（02）：835-841.

[28] 方小娟. 基于移动 GIS 的突发性大气污染事故应急平台研究 [D]. 福州：福州大学，2014.

[29] Yu Feng, Li Xiang-Yang. Improving emergency response to cascading disasters：Applying case-based reasoning towards urban critical infrastructure [J]. International Journal of Disaster Risk Reduction，2018.

[30] 封超，杨乃定，桂维民，等. 基于案例推理的突发事件应急方案生成方法 [J]. 控制与决策，2016，31（8）：1526-1530.

[31] Chen C，Reniers G，Khakzad N. A thorough classification and discussion of approaches for modeling and managing domino effects in the process industries [J]. Safety Science，2020，125：104618.

[32] 陈丽满，陈长坤，赵冬月，等. 基于灾害演化网络的沿海核电站风险分析 [J]. 灾害学，2017，32（02）：202-205.

[33] Chen C，Yang Y B，Wang M T，et al. Characterization and evolution of emergencyscenarios using hybrid Petri net [J]. Process Safety and Environmental Protection，2018，114：133-142.

[34] 汪嘉俊，翁文国. 多灾种概念辨析及灾害事故关系研究综述 [J]. 中国安全生产科学技术，2019，15（11）：57-64.

[35] 郏子君. 基于关键承灾体的区域复杂灾害情景建模研究 [D]. 大连：大连理工大学，2018.

[36] Wood N J，Jones J，Spielman S，et al. Community clusters of tsunami vulnerability in the US Pacific Northwest [J]. Proceedings of the National Academy of Sciences of the United States of America，2015，112（17）：5354-5359.

[37] Cutter S L，Barnes L，Berry M，et al. A place-based model for understanding community resilience to natural disasters [J]. Global Environmental Change，2008，18（04）：598-606.

[38] 李志刚. 扎根理论方法在科学研究中的运用分析 [J]. 东方论坛，2007（04）：90-94.

［39］ Wu X，Dunne R，Zhang Q，et al. Edge computing enabled smart firefighting：opportunities and challenges ［C］. Proceedings of the Fifth ACM/IEEE Workshop on Hot Topics in Web Systems and Technologies. ACM，2017：11.

［40］ Garg S，Singh A，Kaur K，et al. Edge Computing-Based Security Framework for Big Data Analytics in VANETs ［J］. IEEE Network，2019，33（2）：72-81.

［41］ Yao C，Wang X，Zheng Z，et al. EdgeFlow：Open-Source Multi-layer Data Flow Processing in Edge Computing for 5G and Beyond ［J］. IEEE Network，2018：1.

［42］ 刘贞报，马博迪，高红岗，等 . 基于形态自适应网络的无人机目标跟踪方法 ［J］. 航空学报，2021，42（04）：487-500.

［43］ Khan A A，Khan M A，Leung K，et al. A review of critical fire event library for buildings and safety framework for smartfirefighting ［J］. International Journal of Disaster Risk Reduction，2022，83：103412.

［44］ 马林兵，张宇菲，谭婷，等 . 基于本体论空间搜索引擎研究——以地震灾害为例 ［J］. 计算机应用研究，2020，37（S2）：202-204.

［45］ Tariq H，Pathirage C，Fernando T. Measuring community disaster resilience at local levels：An adaptable resilienceframework ［J］. International Journal of Disaster Risk Reduction，2021，62：102358.

［46］ 熊晓夏 . 基于马尔可夫链理论的道路交通事故链演化模型和阻断策略研究 ［D］. 镇江：江苏大学，2018.

［47］ La R，Han L，Bai P，et al. Demand Forecast of Geological Disaster Rescue Equipment Based on "Scenario-Task" ［J］. Geotechnical and Geological Engineering，2022：1-24.

［48］ He Z，Weng W. A dynamic and simulation-based method for quantitative risk assessment of the domino accident in chemicalindustry ［J］. Process Safety and Environmental Protection，2020，144：79-92.

［49］ He Z，Weng W. Synergic effects in the assessment of multi-hazard coupling disasters：Fires，explosions，and toxicantleaks ［J］. Journal of hazardous materials，2020，388：121813.

［50］ 李健行，夏登友，武旭鹏 . 非常规突发灾害事故的演化机理与演变路径分析 ［J］. 安全与环境工程，2014，21（06）：166-170.

［51］ Ardianto R，Chhetri P. Modeling Spatial-Temporal Dynamics of Urban Residential Fire Risk Using a Markov Chain Technique ［J］. International Journal of Disaster Risk Science，2019，10：57-73.

［52］ 陶钇希 . 基于灰色 GM（1,1）-Markov 的全国火灾形势综合评价与预测 ［J］. 武警学院学报，2019，35（06）：5-10.

［53］ Roy C，Paolo F，Cristian P. Relevant states and memory in Markov chain bootstrapping and simulation ［J］. European Journal of Operational Research，2017，256：163-177.

［54］ 李本利 . 火场供水 ［M］. 北京：中国人民公安大学出版社，2007.